普通高等教育"十三五"规划教材

金工实习教程

叶　云　郝晓东　周慧珍　主编

化学工业出版社

·北京·

《金工实习教程》根据国家级精品课程"机械制造实习"内容以及各高校金工实习课程实际执行教学大纲编写而成。目的是让学生在进行生产实习之前，先对理论知识有所了解，在实习过程中把实物与理论相结合。内容涵盖了钢的热处理、铸造、焊接、车削加工、铣削加工、钳工、数控加工技术和金工实习作业报告等。

《金工实习教程》可作为机械、材料、化工、安全、电气、自动化等专业学生的教材，也可供相关领域工程技术人员参考使用。

图书在版编目（CIP）数据

金工实习教程/叶云，郝晓东，周慧珍主编. —北京：
化学工业出版社，2016.6（2025.3重印）
普通高等教育"十三五"规划教材
ISBN 978-7-122-26981-2

Ⅰ.①金… Ⅱ.①叶… ②郝… ③周… Ⅲ.①金属
加工-实习-高等学校-教材 Ⅳ.①TG-45

中国版本图书馆 CIP 数据核字（2016）第 094163 号

责任编辑：刘俊之　　　　　　　　　　　文字编辑：吴开亮
责任校对：边　涛　　　　　　　　　　　装帧设计：刘丽华

出版发行：化学工业出版社（北京市东城区青年湖南街 13 号　邮政编码 100011）
印　　装：北京盛通数码印刷有限公司
787mm×1092mm　1/16　印张 10　字数 250 千字　2025 年 3 月北京第 1 版第 6 次印刷

购书咨询：010-64518888　　售后服务：010-64518899
网　　址：http://www.cip.com.cn
凡购买本书，如有缺损质量问题，本社销售中心负责调换。

定　　价：29.00 元　　　　　　　　　　　　　　　　版权所有　违者必究

　　本书是根据国家级精品课程"机械制造实习"内容以及各高校金工实习课程实际执行的教学大纲来编写的，适用于机械、材料、化工、安全、电气、自动化等专业的本科教学，也可供工程技术人员参考使用。

　　全书的内容涵盖了钢的热处理、铸造、焊接、车削加工、铣削加工、钳工、数控加工技术和金工实习作业报告等内容，目的是让实习学生在进行生产实习之前，先对理论知识有个了解，使学生在生产实习的过程中，把实物与理论相结合，加以融会贯通。

　　参加本书编写的人员有：郝晓东（第 1、2 章）、叶云（第 3、4、5、6 章）、周慧珍（第 7、8 章，金工实习报告作业部分）。

　　由于编者水平有限，并且编写时间仓促，书中难免有疏漏之处，衷心希望读者批评指正。

编者

2016 年 3 月

第1章
总论

金工实习是一门实践性的技术基础课，是机械类各专业学生学习机械制造的基本工艺方法、培养工程素质的重要必修课。金工实习以实践教学为主，学生必须进行独立操作，在保证贯彻教学基本要求的前提下，尽可能地结合生产进行。

① 使学生了解机械制造的一般过程；熟悉机械零件的常用加工方法、所用主要设备的工作原理和典型机构、工夹量具以及安全操作技能；了解机械制造的基本工艺知识和一些新工艺、新技术在机械制造中的应用。

② 完成工程基本训练，为学习后续课程及从事机械设计工作奠定一定的实践基础。同时初步具有对零件进行工艺分析和选择加工方法的能力。在主要工种上应具备独立完成简单零件加工制造的实践能力。

③ 培养学生的劳动观点、创新精神和理论联系实际的科学作风。初步建立市场、信息、质量、成本、效益、安全、环保等工程意识。

1.1 金工实习的基本要求

(1) 基本知识要求

金工实习是重要的实践教学环节，其基本要求是：按照教学大纲，完成车工、铣工、钳工、铸工、焊工、热处理以及数控加工等各工种的基本操作，同时学习相关的金属工艺基础知识，使学生了解机械制造的一般过程，熟悉机械零件的常用加工方法、所用设备的结构原理及工卡量具的使用方法，具有独立完成简单零件加工的能力；使学生通过简单零件加工，巩固和加深机械制图知识及其应用，学会对工艺过程的分析；培养学生的劳动观点、理论联系实际的工作作风和经济观点；实习总结、实习报告是金工实习质量考核的形式之一。

(2) 能力培养要求

加强对学生专业动手能力的培养；促使学生养成发现问题、分析问题、运用所学过的知识和技能解决问题的能力和习惯；鼓励并着重培养学生的创新意识和创新能力；结合教学内容，注重培养学生的工程意识、产品意识和质量意识，提高其工程素质。

(3) 安全操作要求

在金工实习全过程中，始终强调安全第一的观点，进行入厂安全教育，宣传安全生产规则，教育学生遵守劳动纪律和严格执行安全操作规程。没有进行安全教育的学生坚决不许入厂实习，其实习成绩以零分处理。

1.2 金工实习的主要内容

1.2.1 铸造

(1) 基本知识

① 熟悉铸造生产工艺过程、特点和应用。

② 砂型铸造。

造型材料：了解型（芯）砂具备的主要性能（强度、透气性、耐火性、退让性等）及其对铸件质量的影响；型（芯）砂的主要组成（原砂、黏结剂、附加物）与性能的关系，以及型（芯）砂的配比、混制和造型等与性能的关系。

造型工艺：熟悉砂型的结构，分型面的选择；掌握整体模、分离模、挖砂、活块等造型的工艺过程、特点及应用；了解三箱造型及刮板造型的特点及应用。

型芯制造：了解型芯的作用，提高型芯强度及透气性所采用的措施；了解整体、对开及可拆卸型芯盒的制芯过程；了解型芯头及型芯座，以及型芯在简化外形及分型面的应用。

浇注系统：掌握浇注系统的作用及组成；典型浇注系统的组成及其主要作用；内浇口开设要点。

铸造工艺图：掌握浇注位置、分型面位置、拔模斜度、机械加工余量、铸造圆角、型芯头和型芯座以及收缩率的确定及其表示方法；了解木模、铸件及零件的主要区别。

铸造合金的熔炼：了解熔炼设备的结构及铸铁、铝合金的熔炼工艺过程，以及熔炼用的炉料、作用及其要求。

铸件的浇注：了解浇注用量、浇注温度、浇注速度和浇注方法及安全。

铸件的落砂及清理：了解铸件落砂及清理工件的意义、落砂时间、清理内容及方法。

铸件的缺陷：了解铸件常见缺陷（气孔、砂眼、缩孔、偏心、错箱、粘砂、浇不足、裂纹等）的特征、产生原因及防止方法。

③ 特种铸造。了解熔模铸造、金属模铸造、压力铸造及离心铸造的方法、特点及应用。

④ 了解铸造生产安全技术、环境保护，并能进行简单的经济分析。

(2) 基本技能

① 掌握手工两箱造型（整模、分模、挖砂等）的操作。

② 能在金工实习指导教师指导下制造较复杂的小型零件的砂型，并能合理地选择分型面、设置浇注系统，同时具有一定的修型能力。

③ 完成金工实习产品的砂型制造，并能对铸件进行初步的工艺分析。

1.2.2 锻压

(1) 基本知识

① 了解锻压生产的过程、特点和应用。

② 自由锻造。了解坯料加热、非合金钢的锻造温度范围。了解空气锤的结构、工作原理及基本动作。了解轴类和盘类零件的自由锻造工艺过程。了解锻件的冷却及常见锻造缺陷。

③ 胎模锻造。了解胎模锻造的特点、胎模结构及其制造生产过程。

④ 板料冲压。了解板料冲压基本工序（落料、冲孔、弯曲、拉伸）及冲压件的冲压

过程。

⑤ 了解锻压生产安全技术、环境保护，并能进行简单的经济分析。

(2) 基本技能

初步掌握自由锻造的操作技能，并能对自由锻件进行初步工艺分析。

1.2.3　焊接

(1) 基本知识

① 熟悉焊接生产的工艺的过程、特点及应用。

② 焊条电弧焊。熟悉焊条电弧焊对电源设备（电焊机）的要求。了解焊条电弧焊机的种类和焊条的主要技术参数。了解电焊条及其作用、电焊条的分类及其表示方法、酸性和碱性焊条的特点和应用。熟悉焊接工艺参数及其对焊接质量的影响。了解常见焊接缺陷。了解常见焊接头（对接、搭接、角接、T字接）和坡口形式，以及焊缝所处的不同空间位置的焊接特点。

③ 气焊。了解气焊原理、特点及应用，以及气焊用设备的简单工作原理及操作。了解气焊火焰的构造、种类、调节及应用，气焊用焊丝和焊粉的作用及选用，气焊规范（焊丝直径、焊炬型号、焊嘴的大小、焊嘴倾角）的选择。

④ 其他焊接方法。了解埋弧自动焊、气体保护焊、电阻焊、氩弧焊等焊接方法的特点及应用。

⑤ 了解焊接生产安全技术、环境保护，并能进行简单的经济分析。

(2) 基本技能

正确操作交流弧焊机或直流弧焊机，能正确选择焊接电流及调整火焰。熟悉起弧的两种方法，掌握焊条电弧焊、气焊的平焊操作。能够分辨焊接表面可见缺陷（气孔、未焊透、咬边、夹渣、热裂纹等）。

1.2.4　热处理

(1) 基本知识

了解金属材料热处理生产工艺过程、特点及应用。

(2) 基本技能

了解金属材料淬火、退火、回火的工艺过程与机械性能的关系。

1.2.5　钳工

(1) 基本知识

① 了解钳工工作在机械装配和维修中的作用、特点和应用。

② 熟悉钳工主要工作（划线、錾削、锯割、锉削、钻孔、扩孔、铰孔、刮削、攻螺纹、套螺纹）的基本操作方法。

③ 熟悉装配的概念，简单部件的装拆方法及工具、量具的使用。

④ 熟悉钳工车间的安全技术。

(2) 基本技能

① 完成中等复杂程度零件的划线工作。

② 钳工基本工作的操作训练，独立完成钳工作业件。

③ 完成简单部件的装拆工作。

1.2.6 机械加工

（1）基本知识

① 了解金属切削加工的基本概念。

② 了解常用金属切削机床的组成、基本工作原理及使用范围，以及所有量具、工具、主要附件的大致结构和使用方法。

③ 了解普通卧式车床的传动系统及主要调整方法。

④ 熟悉车刀的主要角度、安装和刃磨方法。了解其他常用刀具的结构特点和应用。

⑤ 熟悉常用切削加工方法的工艺特点和应用范围。

⑥ 熟悉常见典型零件表面的加工方法。

⑦ 了解切削加工对零件结构的要求。

⑧ 了解加工零件表面缺陷的类型及其产生原因。

⑨ 了解数控车床、加工中心、电火花加工设备的机械结构和加工原理。

⑩ 熟悉普通机械加工车间、数控加工车间的安全技术和安全操作规程。

（2）基本技能

① 独立刃磨与安装普通外圆车刀，正确使用工量卡具。在车床上独立完成车外圆、车螺纹、镗内孔、切断、车锥面的加工工作。

② 在牛头刨床上正确安装刀具与工件，完成平面、垂直面的加工。

③ 在铣床上正确安装刀具、工件，完成铣平面、铣键槽的工作。了解分度头的结构原理和分度方法。

④ 在外圆磨床或平面磨床上正确安装工件，独立完成磨外圆或平面工作。

1.3 金工实习的相关制度

在金工实习中，学生应尊敬指导人员和教师，虚心向他们学习；严格遵守工厂安全操作规程及有关规章制度；严格遵守劳动纪律，加强组织纪律性；爱护国家财产；加强团结，互相帮助；培养劳动观点和严谨的科学作风，认真、积极、全面地完成实习任务。为此，特作如下规定。

（1）遵守安全制度

① 学生实习期间必须遵守工厂的安全制度和各工种的安全操作规程，听从车间安全员和指导人员的指导。

② 在各车间实习时，均不准穿凉鞋、戴围巾。女同学必须戴工作帽，不准穿裙子。

③ 实习时必须按工种要求佩戴防护用品。

铸工浇注：必须穿劳保皮鞋，戴安全帽及防护眼镜。

电焊：必须穿劳保皮鞋，围围裙，穿护袜，戴电焊手套和电焊面罩。

机工（包括钻工钻孔）：必须戴防护眼镜，不准戴手套。

④ 不准违章操作。未经同意，不准启动或扳动任何非自用的机床、设备、电器、工具、附件、量具等。

⑤ 不准在车间内追逐、打闹、喧哗。

⑥ 操作时必须精神集中，不准与别人谈话，不准阅读书刊、背诵外文单词和收听广播。

⑦ 违反上述规定的要批评教育；不听从指导或多次违反的，要令其检查或暂停实习；情节严重和态度恶劣的，实习成绩不予通过，并报校、院（系）给予行政处分。

(2) 遵守组织纪律

① 学生必须严格遵守实习的考勤制度。实习中一般不准请事假，特殊情况要请事假的，须经院（系）教务科批准，经指导人员允许后方可离开。事假当日无成绩。事假超过总实习时间四分之一的，不给实习成绩。已有单工种成绩保留，待实习补齐后再给总成绩。

② 病假要持校医院证明及时请假，特殊情况（包括在校外生病）必须尽早补交正式的证明，否则以旷课论（每天按七学时计）。病假当日无成绩。病假超过总实习时间三分之一的，不给实习成绩。已有单工种成绩保留，待实习补齐后再给总成绩。

③ 不许迟到、早退。对于迟到、早退者，除批评教育外，在评定当天实习成绩时要酌情扣分。

④ 考试不准作弊。作弊者不论情节轻重、态度好坏，成绩均以零分统计。

(3) 按时完成作业

必须按时完成实习报告，并按时交给指导人员批改。对于不认真完成实习报告的同学要求其重做；凡不做实习报告或未做完的，最后不得参加综合笔试，也不予评定实习总成绩。

第2章
钢的热处理

2.1 热处理基本知识

(1) 什么叫钢的热处理

钢的热处理是为了改变钢材内部的组织结构，以满足对零件的加工性能和使用性能的要求所施加的一种综合的热加工工艺过程。它包括三个环节：

① 加热到预定的温度（加热）。

② 在预定的温度下适当保温（保温），保温的时间与工件的尺寸和性能有关。

③ 以预定的冷却速度冷却（冷却）。

例如，橡胶机械中的挤出机和注射机中的螺杆等轴类零件的常用材料 40Cr（中碳、低合金结构钢），为满足不同的加工和使用性能的要求，须进行不同的热处理，如图 2-1 所示。

① 炉冷　得到珠光体（片）+先共析 F，HB207，易切削的硬度，满足了切削加工的性能的要求。

② 空冷　得到细片状 $P(720\sim740MN/m^2)$+先共析 F，HB250，Jb：$72\sim74kg/mm^2$。

③ 油冷回火　得到粒状 $F[\sigma b>100kg/mm^2$，$ak>(6kg/cm^2)$ $60J/cm^2]$+粒状 Fe_3C。

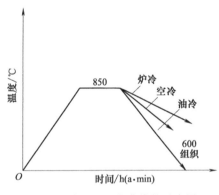

图 2-1　热处理工艺曲线的示意图

强韧性好，从而能够满足这类零件的耐磨损、耐冲击、耐疲劳等性能的要求。

可见，通过热处理可以改变钢的组织和性能，充分发挥材料的潜力，调整材料的机械性能，满足机械零件在加工和使用过程中对性能的要求。所以，在实际生产中凡是重要的零部件都必须经过适当的热处理。

下面介绍两个热处理中常见的概念。

① 热处理工艺　热处理时的加热温度、保温时间和冷却速度等工序的总和称为热处理工艺。

② 热处理工艺曲线　热处理工艺参数标示在温度-时间坐标图上，得到的曲线即为热处理工艺曲线。

前面图 2-1 所给出的就是热处理工艺曲线的示意图。

(2) 常见的热处理方法

根据热处理时加热和冷却方法的不同，常用的热处理方法大致分类如图 2-2 所示。

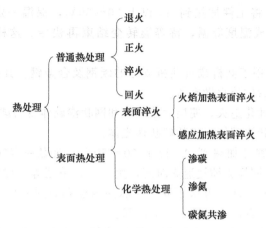

图 2-2 常用热处理方法的大致分类

2.2 钢的普通热处理

普通热处理是将工件整体进行加热、保温和冷却，以使其获得均匀的组织和性能的一种操作。它包括退火、正火、淬火和回火。

2.2.1 钢的退火与正火

实际生产中，各种工件在制造过程中有不同的工艺路线，如：铸造（或锻造）→退火（正火）→切削加工→成品；或铸造（或锻造）→退火（正火）→粗加工→淬火→回火→精加工→成品。可见，退火与正火是应用非常广泛的热处理。为什么将其安排在铸造或锻造之后，切削加工之前呢？原因如下：

① 在铸造或锻造之后，钢件中不但残留有铸造或锻造应力，而且还往往存在着成分和组织上的不均匀性，因而机械性能较低，还会导致以后淬火时的变形和开裂。经过退火和正火后，便可得到细而均匀的组织，并消除应力，改善钢件的机械性能，为随后的淬火做了准备。

② 铸造或锻造后，钢件硬度经常偏高或偏低，严重影响切削加工。经过退火与正火后，钢的组织接近于平衡组织，其硬度适中，有利于下一步的切削加工。

③ 如果对工件（如铸件、锻件或焊接件等）的性能要求不高时，退火或正火常作为最终热处理。

(1) 钢的退火

退火是将工件加热到临界点以上或在临界点以下某一温度并保温一定时间后，以十分缓慢的冷却速度（炉冷、坑冷、灰冷）进行冷却的一种操作。

根据钢的成分、组织状态和退火目的不同，退火工艺可分为：完全退火、等温退火、球化退火、去应力退火等。

① 完全退火和等温退火 用于亚共析钢成分的碳钢和合金钢的铸件、锻件及热轧型材，有时也用于焊接结构。其目的在于细化晶粒、降低硬度、改善切削加工性能。

a. 完全退火工艺。将工件加热到 A_{c3} 以上 30～50℃，保温一定时间后，随炉缓慢冷却到 500℃以下，然后在空气中冷却。这种工艺过程比较费时间。为克服这一缺点，产生了等温退火工艺。

b. 等温退火工艺。将工件加热到 A_{c3} 以上 $30\sim50℃$，保温一定时间后，先以较快的冷速冷却到珠光体的形成温度等温，待等温转变结束再快冷。这样就可大大缩短退火的时间。

② 球化退火　主要用于共析或过共析成分的碳钢及合金钢。其目的在于降低硬度，改善切削加工性，并为以后的淬火做准备。

而其实质则是通过球化退火，使层状渗碳体和网状渗碳体变为球状渗碳体。球化退火后的组织是由铁素体和球状渗碳体组成的球状珠光体。

球化退火工艺：将钢件加热到 A_{c1} 以上 $30\sim50℃$，保温一定时间后随炉缓慢冷却至 $600℃$，然后出炉空冷。同样为缩短退火时间，生产上常采用等温球化退火，它的加热工艺与普通球化退火相同，只是冷却方法不同。等温的温度和时间要根据硬度要求，利用 C 曲线确定。可见球化退火（等温）可缩短退火时间。

③ 去应力退火（低温退火）　主要用于消除铸件、锻件、焊接件、冷冲压件（或冷拔件）及机加工的残余内应力。这些应力若不消除会导致工件在随后的切削加工或使用中变形开裂，从而降低机器的精度，甚至会发生事故。

去应力退火工艺：将工件随炉缓慢加热（$100\sim150℃/h$）至 $500\sim650℃$（$<A_1$），保温一段时间后随炉缓慢冷却（$50\sim100℃/h$），至 $200℃$ 后出炉空冷，在去应力退火中不发生组织转变。

在保温过程中（$500\sim650℃$）部分弹性变形转变为塑性变形，使内应力下降。退火温度愈高，内应力消除越充分，退火所需的时间越短。

(2) 钢的正火

正火是将工件加热到 A_{c3} 或 A_{ccm} 以上 $30\sim80℃$，保温后从炉中取出在空气中冷却的一种工艺。

正火与退火的区别是冷速快、组织细、强度和硬度有所提高。当钢件尺寸较小时，正火后组织为 S，而退火后组织为 P。钢的退火与正火工艺参数如图 2-3 所示。

正火的应用：

① 用于普通结构零件，作为最终热处理，细化晶粒以提高机械性能。

② 用于低、中碳钢，作为预先热处理，得到合适的硬度便于切削加工。

③ 用于过共析钢，消除网状 Fe_3C_{II}，有利于球化退火的进行。

(3) 退火和正火的选择

从前面的学习中已经知道，退火与正火在某种程度上有相似之处，在实际生产中又可替代，那么，在设计时根据什么原则进行选择呢？从以下三方面予以考虑。

① 从切削加工性上考虑　切削加工性又包括硬度、切削脆性、表面粗糙度及对刀具的磨损等。一般金属的硬度在 HB170～230 范围内，切削性能较好。高于这一数值的工件过硬，难以加工，且刀具磨损快；过低则切屑不易断，造成刀具发热和磨损，加工后的零件表面粗糙度很大。对于低、中碳结构钢以正火作为预先热处理比较合适，高碳结构钢和工具钢则以退火为宜。至于合金钢，由于合金元素的加入，使钢的硬度有所提高，故中碳以上的合金钢一般都采用退火以改善切削性。

② 从使用性能上考虑　如工件性能要求不太高，随后不再进行淬火和回火，那么往往用正火来提高其机械性能，但若零件的形状比较复杂，正火的冷却速度有形成裂纹的危险，应采用退火。

③ 从经济上考虑　正火比退火的生产周期短、耗能少，且操作简便，故在可能的条件

下，应优先考虑以正火代替退火。

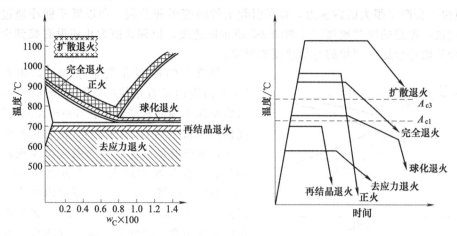

图 2-3 钢的退火与正火工艺参数

2.2.2 钢的淬火

(1) 淬火的目的

淬火就是将钢件加热到 A_{c3} 或 A_{c1} 以上 $30 \sim 50 ℃$，保温一定时间，然后快速冷却（一般为油冷或水冷），从而得到马氏体的一种操作。因此淬火的目的就是获得马氏体。但淬火必须和回火相配合，否则钢件淬火后虽然得到了高硬度、高强度，但韧性和塑性低，不能得到优良的综合机械性能。

(2) 钢的淬火工艺

淬火既是一种复杂的热处理工艺，又是决定产品质量的关键工序之一。淬火后要得到细小的马氏体组织又不至于产生严重的变形和开裂，就必须根据钢的成分，零件的大小、形状等，结合 C 曲线合理地确定淬火的加热和冷却方法。

① 淬火加热温度的选择 马氏体针叶大小取决于奥氏体晶粒大小。为了使淬火后得到细而均匀的马氏体，首先要在淬火加热时得到细而均匀的奥氏体。因此，加热温度不宜太高，只能在临界点以上 $30 \sim 50 ℃$。淬火的工艺参数如图 2-4 所示。

对于亚共析钢：$A_{c3} + (30 \sim 50 ℃)$，淬火后的组织为均匀而细小的马氏体。

对于过共析钢：$A_{c1} + (30 \sim 50 ℃)$，淬火后的组织为均匀而细小的马氏体、颗粒状渗碳体及残余奥氏体的混合组织。如果加热温度过高，渗碳体溶解过多，奥氏体晶粒粗大，会使淬火组织中马氏体针叶变粗，渗碳体量减少，残余奥氏体量增多，从而降低钢的硬度和耐磨性。

② 淬火冷却介质 淬火冷却

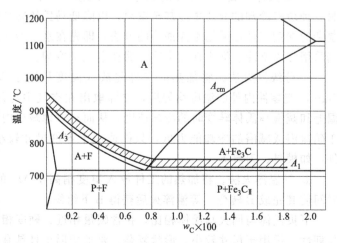

图 2-4 淬火工艺参数的选择

是决定淬火质量的关键，为了使工件获得马氏体组织，淬火冷却速度必须大于临界冷却速度$V_{临}$，而快冷会产生很大的内应力，容易引起工件的变形和开裂。所以既不能冷速过快又不能冷速过慢，理想的冷却速度应是如图 2-5 所示的速度，但到目前为止还没有找到十分理想的冷却介质能符合这一理想的冷却速度的要求。

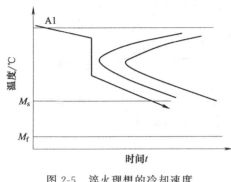

图 2-5　淬火理想的冷却速度

最常用的冷却介质是水和油，水在 650～550℃ 范围内具有很快的冷却速度（＞600℃/s），可防止珠光体的转变，但在 300～200℃ 时冷却速度仍然很快（约为 270℃/s），这时正发生马氏体转变，如此高的冷速必然会引起淬火钢件的变形和开裂。若在水中加入 10% 的盐（NaCl）或碱（NaOH），可将 650～550℃ 范围内的冷却速度提高到 1100℃/s，但它在 300～200℃ 范围内的冷却速度基本不变，因此水及盐水或碱水常被用作碳钢的淬火冷却介质，但都易引起材料变形和开裂。而油在 300～200℃ 范围内的冷却速度较慢（约为 20℃/s），可减少钢在淬火时的变形和开裂倾向，但它在 650～550℃ 范围内的冷却速度不够快（约为 150℃/s），不易使碳钢淬火成马氏体，只能用于合金钢。常用淬火油为 10♯、20♯ 机油。

此外，还有硝盐浴（55% KNO$_3$＋45% NaNO$_2$ 另加 3%～5% H$_2$O）、碱浴（85% KOH＋15% NaNO$_2$，另加 3%～6% H$_2$O）、聚乙烯醇水溶液（浓度为 0.1%～0.3%）和三硝水溶液（25% NaNO$_3$＋20% KNO$_3$＋20% NaNO$_2$＋35% H$_2$O）等淬火冷却介质，它们的冷却能力介于水与油之间，适用于油淬不硬、而水淬开裂的碳钢零件。

③ 淬火方法　为了使工件淬火成马氏体并防止变形和开裂，单纯依靠选择淬火介质是不行的，还必须采取正确的淬火方法。最常用的淬火方法如图 2-6 所示。

a. 单液淬火法。将加热的工件放入一种淬火介质中一直冷却到室温。这种方法操作简单，容易实现机械化和自动化，如碳钢在水中淬火、合金钢在油中淬火。其缺点是不符合理想淬火冷却速度的要求，水淬容易产生变形和裂纹，油淬容易产生硬度不足或硬度不均匀等现象。

b. 双液淬火法。将加热的工件先在快速冷却的介质中冷却到 300℃ 左右，然后立即转入另一种缓慢冷却的介质中冷却至室温，以降低马氏体转变时的应力，防止变形开裂。如形状复杂的碳钢工件常采用水淬油冷的方法，即先在水中冷却到 300℃ 后在油中冷却；而合金钢则采用油淬空冷，即先在油中冷却后在空气中冷却。

c. 分级淬火法。将加热的工件先放入温度稍高于 M_s 的硝盐浴或碱浴中，保温 2～5min，使零件内外的温度均匀后，立即取出在空气中冷却。这种方法可以减少工件内外的温差和减慢马氏体转变时的冷却速度，从而有效地减少内应力，防止产生变形和开裂。但由于硝盐浴或碱浴的冷却能力低，只能适用于零件尺寸较小、要求变形小、尺寸精度高的工件，如模具、刀具等。

d. 等温淬火法。将加热的工件放入温度稍高于 M_s 的硝盐浴或碱浴中，保温足够长的时间使其完成 B 转变。等温淬火后获得 B 下组织。

下贝氏体与回火马氏体相比，在含碳量相近、硬度相当的情况下，前者具有较高的塑性与韧性，适用于尺寸较小、形状复杂、要求变形小且具有高硬度和强韧性的工具、模具等。

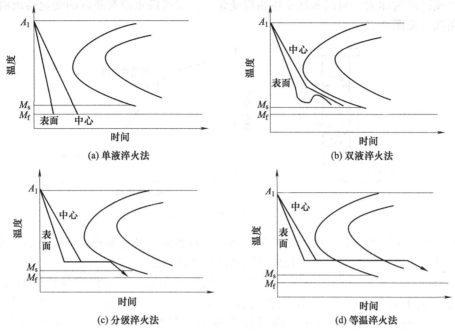

图 2-6　常用的淬火方法示意图

(3) 钢的淬透性

① 淬透性的概念　所谓淬透性是指钢在淬火时获得淬硬层的能力。淬硬层一般规定为工件表面至半马氏体（马氏体量占 50%）之间的区域，它的深度叫淬硬层深度。不同的钢在同样的条件下淬硬层深度不同，说明不同的钢淬透性不同，淬硬层较深的钢淬透性较好。

淬硬性是指钢以大于临界冷却速度冷却时，获得的马氏体组织所能达到的最高硬度。钢的淬硬性主要决定于马氏体的含碳量，即取决于淬火前奥氏体的含碳量。

② 影响淬透性的因素。

a. 化学成分。C 曲线距纵坐标愈远，淬火的临界冷却速度愈小，则钢的淬透性愈好。对于碳钢，钢中含碳量愈接近共析成分，其 C 曲线愈靠右，临界冷却速度愈小，则淬透性愈好，即亚共析钢的淬透性随含碳量增加而增大，过共析钢的淬透性随含碳量增加而减小。除 Co 和 Al（>2.5%）以外的大多数合金元素都使 C 曲线右移，使钢的淬透性增加，因此合金钢的淬透性比碳钢好。

b. 奥氏体化温度。温度愈高，晶粒愈粗，未溶第二相愈少，淬透性愈好。因为奥氏体晶粒粗大使晶界减少，不利珠光体的形核，从而避免淬火时发生珠光体转变。

c. 淬透性的表示方法及应用。钢的淬透性必须在统一标准的冷却条件下测定和比较，其测定方法很多。过去为了便于比较各种钢的淬透性，常利用临界直径 D_c 来表示钢获得淬硬层深度的能力。

所谓临界直径就是指圆柱形钢棒加热后在一定的淬火介质中能全部淬透的最大直径。

对同一种钢 $D_{c油} < D_{c水}$，因为油的冷却能力比水差。目前国内外都普遍采用"顶端淬火法"测定钢的淬透性曲线，比较不同钢的淬透性。

顶端淬火法——国家规定试样尺寸为 $\phi 25mm \times 100mm$；水柱自由高度 65mm；此外应注意加热过程中防止氧化和脱碳。将钢加热至奥氏体化后，迅速喷水冷却。显然，在喷水端冷却速度最大，沿试样轴向的冷却速度逐渐减小。因此，末端组织应为马氏体，硬度最高，随距水冷端距离的加大，组织和硬度也相应变化，将硬度随水冷端距离的变化绘成曲线称为淬透性曲线（见图2-7）。

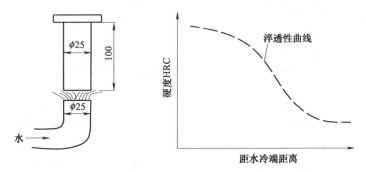

图 2-7　钢的淬透性曲线

不同钢种有不同的淬透性曲线，工业用钢的淬透性曲线几乎都已测定，并已汇集成册，可查阅参考。由淬透性曲线就可比较出不同钢的淬透性大小。

此外对于同一种钢，因冶炼炉冷不同，其化学成分会在一个限定的范围内波动，对淬透性有一定的影响，因此钢的淬透性曲线并不是一条线，而是一条带，即表现出"淬透性带"。钢的成分波动愈小，淬透性带愈窄，其性能愈稳定，因此淬透性带愈窄愈好。

淬透性是机械零件设计时选择材料和制定热处理工艺的重要依据。淬透性不同的钢材在淬火后得到的淬硬层深度不同，所以沿截面的组织和机械性能差别很大。图2-8所示的是由淬透性不同的钢制成的直径相同的轴，经调质后机械性能的对比。图2-8（a）表示全部淬透，整个截面为回火索氏体组织，机械性能沿截面是均匀分布的；图2-8（b）表示仅表面淬透，由于心部为层片状组织（索氏体），冲击韧性较低。由此可见，淬透性低的钢材机械性能较差。由于机械制造中截面较大或形状较复杂的重要零件，以及应力状态较复杂的螺栓、连杆等零件，均要求截面机械性能均匀，因此应选用淬透性较好的钢材。

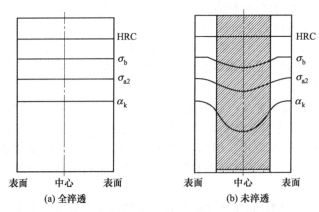

图 2-8　淬透性不同的钢调质后的机械性能

受弯曲和扭转力的轴类零件，其应力在截面上的分布是不均匀的，外层受力较大而心部受力较小，因此可考虑选用淬透性较低的、淬硬层较浅（如为直径的 1/3～1/2）的钢材。此外，还有些工件（如焊接件）不能选用淬透性高的钢件，否则容易在焊缝热影响区内出现淬火组织，选成焊缝变形和开裂。

2.2.3 钢的回火

(1) 什么是钢的回火及回火的目的

回火是将淬火钢重新加热到 A_1 点以下的某一温度，保温一定时间后冷却到室温的一种操作。

由于淬火钢硬度高、脆性大，存在着淬火内应力，且淬火后的组织 M 和 A′ 都处于非平衡态，是一种不稳定的组织，在一定条件下，经过一定的时间后，组织会向平衡组织转变，导致工件的尺寸形状改变、性能发生变化。为克服淬火组织的这些弱点，应采取回火处理。回火的目的在于降低淬火钢的脆性，减少或消除内应力，使组织趋于稳定并获得所需要的性能。

(2) 淬火钢在回火时组织和性能的变化

淬火钢在回火过程中，随着加热温度的提高，原子活动能力增大，其组织相应发生以下四个阶段性的转变。

① 80～200℃，发生马氏体的分解 由淬火马氏体中析出薄片状细小的 ε 碳化物（过渡相分子式 $Fe_{2.4}C$）使马氏体中碳的过饱和度降低，因而马氏体的正方度减小，但仍是碳在 α-Fe 中的过饱和固溶体，通常把这种过饱和 α＋ε 碳化物的组织称为回火马氏体（M′）。它是由两相组成的，易被腐蚀，在显微镜下观察呈黑色针叶状。这一阶段内应力逐渐减小。

② 200～300℃，发生残余奥氏体分解 残余奥氏体分解过饱和的 α＋ε 碳化物的混合物，这种组织与马氏体分解的组织基本相同。把它归入回火马氏体组织，即回火温度在 300℃ 以下得到的回火组织是回火马氏体。

③ 250～400℃，马氏体分解完成 过饱和的 α 中的含碳量达到饱和状态，实际上就是 M→F，使马氏体的正方度 $c/a=1$，但这时的铁素体仍保持着马氏体的针叶状的外形，这时 ε 碳化物这一过渡相也转变为极细的颗粒状的渗碳体。这种由针叶状 F 和极细粒状渗碳体组成的机械混合物称为回火屈氏体（T回），在这一阶段马氏体的内应力大大降低。

④ 400℃ 以上 回火温度超过 400℃ 时，具有平衡浓度的 α 相开始恢复，500℃ 以上时发生再结晶，从针叶状转变为多边形的粒状，在这一回复再结晶的过程中，粒状渗碳体聚集长大成球状，即在 500℃ 以上（500～650℃）得到由粒状铁素体＋Fe_3C 组成的回火组织——回火索氏体（S回）。

可见，碳钢淬火后在回火过程中发生的组织转变主要有：马氏体和残余奥氏体的分解，碳化物的形成，聚集长大，以及 α 固溶体的回复与再结晶等几个方面。而且随回火温度的不同可得到三种类型的回火组织（见图 2-9）：300℃ 以下得到 M′，其硬度与淬火马氏体相近，但塑性、韧性较淬火马氏体提高；回火温度在 300～500℃ 范围内得到回火屈氏体组织，具有较高的硬度和强度以及一定的塑性和韧性；回火温度在 500～650℃ 范围时得到回火索氏体组织，与 T回 相比，它的强度、硬度低而塑性和韧性较高。硬度大约在 200℃ 以后呈直线下降；钢的强度在开始时虽然随着内应力和脆性的减少而有所提高，但自 300℃ 以后也和硬度一样随回火温度升高而降低；而钢的塑性和韧性则相反，自 300℃ 以后迅速升高。

值得注意的是，所有淬火钢回火时，在 300℃ 左右由于薄片状碳化物沿马氏体板条或针叶间界面析出而导致冲击韧性降低，这种现象称为低温回火脆性，生产上要避免在此温度范围内回火。

(3) 回火的方法及应用

钢的回火按回火温度范围可分为以下三种：

(a) 回火索氏体

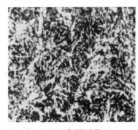
(b) 回火屈氏体

(c) 回火马氏体

图 2-9　回火组织

① 低温回火　回火温度范围为 150～250℃，得到的组织为回火马氏体。内应力和脆性降低，保持了高硬度和高耐磨性。

这种回火主要应用于高碳钢或高碳合金钢制造的工、模具，滚动轴承及渗碳和表面淬火的零件，回火后的硬度一般为 HRC 58～64。

② 中温回火　回火温度范围为 350～500℃，回火后的组织为回火屈氏体，硬度为 HRC 35～45，具有一定的韧性和高的弹性极限及屈服极限。

这种回火主要应用于含碳 0.5%～0.7%的碳钢和由合金钢制造的各类弹簧。

③ 高温回火　回火温度范围为 500～650℃，回火后的组织为回火索氏体，其硬度为 HRC 25～35，具有适当的强度和足够的塑性及韧性。这种回火主要应用于含碳 0.3%～0.5%的碳钢和由合金钢制造的各类连接和传动的结构零件，如轴、连杆、螺栓等。

通常在生产上将淬火加高温回火的处理称为"调质处理"。

对于在交变载荷下工作的重要零件，要求其整个截面得到均匀的回火索氏体组织。因此，首先必须使零件淬透。随着调质零件尺寸的不同，要求钢的淬透性也不同，大零件要求选用高淬透性的钢，小零件则可以选用淬透性较低的钢。

第3章
铸造

铸造是将液态金属浇注到铸型型腔中，待其冷却凝固后，获得一定形状的毛坯或零件的方法。

(1) 铸造生产的特点

优点：零件的形状复杂；工艺灵活；成本较低。

缺点：机械性能较低；精度低；效率低；劳动条件差。

(2) 铸造的分类

砂型铸造：90％以上。

特种铸造：铸件性能较好，精度低，效率高。

我国铸造技术历史悠久，早在3000多年前，青铜器已有应用；2500年前，铸铁工具已经相当普遍。泥型、金属型和失蜡型是我国创造的三大铸造技术。

3.1 金属的铸造性能

合金的铸造性能是表示合金铸造成形获得优质铸件的能力。通常用流动性和收缩性来衡量。

3.1.1 合金的流动性

(1) 流动性的概念

流动性是指液态合金的充型能力。

流动性好的合金的优点在于：

① 易于浇注出轮廓清晰、薄而复杂的铸件。

② 有利于非金属夹杂物和气体的上浮和排除。

③ 易于补缩及热裂纹的弥合。

合金的流动性是以螺旋形流动试样的长度来衡量的。试样越长，流动性越好。

(2) 影响合金流动性的因素

① 合金性质方面　纯金属、共晶合金流动性好（恒温下结晶，凝固层内表面光滑）。亚、过共晶合金流动性差（在一定温度范围内结晶，凝固层内表面粗糙不平）。

② 铸型和浇注条件　提高流动性的措施：

a. 提高铸型的透气性，降低导热系数；

b. 确定合理的浇注温度；

c. 提高金属液的压头；

d. 浇注系统结构简单。

③ 铸件结构 铸件壁厚＞最小允许壁厚。

3.1.2 合金的收缩

(1) 收缩的概念

收缩是铸件中的缩孔、缩松、变形和开裂等缺陷产生的原因。几种铁碳合金的体积收缩率如表 3-1 所示。

收缩的三个阶段中：

$$\left.\begin{array}{c}液态收缩\\凝固收缩\end{array}\right\}形成缩孔、缩松（体收缩率）$$

固态收缩——产生变形和裂纹（线收缩率）

表 3-1 几种铁碳合金的体积收缩率

合金种类	含碳量/%	浇注温度/℃	液态收缩/%	凝固收缩/%	固态收缩/%	总体积收缩/%	线收缩率/%
碳素铸钢	0.35	1610	1.6	3.0	7.86	12.46	1.38～2.0
白口铸铁	3.0	1400	2.4	4.0	5.4～6.3	12～12.9	1.35～2.0
灰铸铁	3.5	1400	3.5	0.1	3.3～4.2	6.9～7.8	0.8～1.0

(2) 铸件的缩孔和缩松

缩孔的形成：纯金属或共晶成分的合金易形成缩孔。

缩松的形成：结晶温度范围大的合金易形成缩松。

缩孔和缩松的防止方法为定向凝固。

定向凝固：在铸件可能出现缩孔的厚大部位，通过增设冒口或冷铁等工艺措施，使铸件上远离冒口的部位先凝固，而后是靠近冒口的部位凝固，冒口本身最后凝固。

采用定向凝固的结果是使铸件各个部分的凝固收缩均能得到液态金属的补充，而将缩孔转移到冒口之中。

(3) 铸造应力

① 铸造内应力有热应力和机械应力，是铸件产生变形和开裂的基本原因。

a. 热应力的形成：热胀冷缩不均衡。

b. 机械应力的形成：收缩受阻。

② 减少和消除应力的措施。

a. 结构上要壁厚均匀，圆角连接，结构对称。

b. 工艺上要同时凝固，去应力退火。

③ 同时凝固和定向凝固的比较。

a. 定向凝固用于收缩大或壁厚差距较大，易产生缩孔的合金铸件，如铸钢、铝硅合金等。定向凝固补缩作用好，铸件致密；但铸件成本高，内应力大。

b. 同时凝固用于凝固收缩小的灰铸铁。铸件内应力小，工艺简单，节省金属，组织不致密。

(4) 铸件的变形

对于厚薄不均匀、截面不对称及具有细长特点的杆件类、板类及轮类等铸件，当残余铸造应力超过铸件材料的屈服强度时，会产生翘曲变形。

用反变形法可以防止箱体、床身导轨的变形。

(5) 铸件的裂纹

① 铸钢件热裂纹　改善型芯的退让性，大的型芯制成中空的或内部填以焦炭。
② 轮形铸件的冷裂　减少铸件应力，降低合金的脆性。

3.2　型砂铸造

3.2.1　型砂铸造造型方法

套筒的型砂铸造过程如图 3-1 所示。

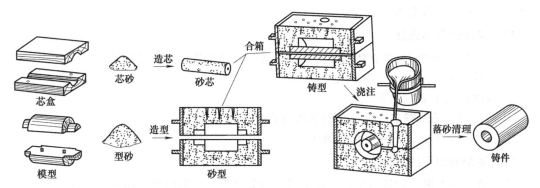

图 3-1　套筒的型砂铸造过程

造型方法有以下几种。
① 手工造型，用于单件、小批量生产。
② 机器造型，用于中、小件大批量生产。
③ 机器造芯，用于中、小件大批量生产。
④ 柔性造型单元，用于各种形状与批量生产。

(1) 手工造型

手工造型的方法和特点如表 3-2 所示。

表 3-2　手工造型方法和特点

造型方法	特点
整模造型	整体模型，分型面为平面
分模造型	分开模型，分型面多是平面
活块造型	将模样上有妨碍取模的部分做成活动的
挖砂造型	造型时必须挖去阻碍取模的型砂
刮板造型	和铸件截面形状相适应的板状模样
三箱造型	铸件两端截面尺寸较大，需要三个砂箱

(2) 机器造型

机器造型是在填砂、紧实和起模等主要工序实现了机械化，并组成了生产流水线。机器造型生产率高，铸型好，铸件质量高，适用于中小型铸件的大批量生产。

机器造型方法：振压造型、高压造型、抛砂造型。

(3) 机器造芯

在大批量生产中，常用的型芯制作设备是射芯机和壳（吹）芯机。

射芯机是利用压缩空气将型砂均匀地射入砂箱预紧实,然后再施加压力进行压实。

壳芯机是采用热芯盒工艺制做覆膜砂壳芯的设备。它工作过程是填砂与紧实同时完成的,并立即在热的芯盒中硬化,减轻劳动强度、操作灵活轻便、容易掌握,采用电加热,温度可自动控制,工作地易保持清洁,为制芯过程的机械化、自动化创造条件。

(4) 柔性制造单元

柔性制造单元通过在造型自动线上加设模板库及模板快换机构等,由计算机集中控制模板的调运与更换、造型机工作参数的设置、铸型质量的检验等。

3.2.2 型砂铸造工艺设计

铸造工艺图包括:铸件的浇注位置、铸型分型面、铸造工艺参数、支座的零件图、铸造工艺图、模样图及合型图。

(1) 浇注位置的选择

浇注位置是浇注时铸件在铸型中的空间位置。浇注位置的选择原则是:

① 铸件的重要加工面应朝下或位于侧面。

② 铸件的大平面应朝下。

③ 面积较大的薄壁部分置于铸型下部或侧面。

④ 铸件厚大部分应放在上部或侧面。

(2) 铸型分型面的选择

三通的分型方案:四箱造型、三箱造型、两箱造型。分型面的选择原则是:

① 便于起模,使造型工艺简化。

② 尽量使铸件全部或大部置于同一砂箱。

③ 尽量使型腔及主要型芯位于下型。

(3) 工艺参数的确定

① 机械加工余量和最小铸出孔。

② 起模斜度。

③ 铸造收缩率。

④ 型芯头设计。

(4) 浇、冒口系统

浇注系统是为金属液流入型腔而开设于铸型中的一系列通道。其作用是:①平稳、迅速地注入金属液;②阻止熔渣、砂粒等进入型腔;③调节铸件各部分温度,补充金属液在冷却和凝固时的体积收缩。

(5) 铸造工艺设计的一般程序

铸造工艺设计的用途及程序如表 3-3 所示。

表 3-3 铸造工艺设计的用途及程序

项 目	用 途	设 计 程 序
铸造工艺图	是制造模样、模底板、芯盒等工装以及进行生产准备和验收的依据	①产品零件的技术条件和结构工艺性分析 ②选择造型方法 ③确定分型面和浇注位置 ④选用工艺参数 ⑤设计浇冒口、冷铁等 ⑥型芯设计

项　目	用　　途	设 计 程 序
铸件图	是铸件验收和机加工夹具设计的依据	⑦在完成铸造工艺图的基础上,画出铸件图
铸型装配图	是生产准备、合型、检验、工艺调整的依据	⑧在完成砂箱设计后画出
铸造工艺卡片	是生产管理的重要依据	⑨综合整个设计内容

(6) 实例分析

① 气缸套。

方案Ⅰ：轴线处于水平位置，铸件易产生缺陷；用分开模两箱造型，分型面通过圆柱面，有飞边，易错箱。

方案Ⅱ：轴线处于垂直位置，铸件是顺序凝固；分型面在铸件一端，毛刺易清理，不会错箱。

② 支座　支座工艺图如图 3-2 所示。

方案Ⅰ：沿底板中心分型。轴孔下芯方便，但底板上四个凸台必须采用活块且铸件在上、下箱各半。

方案Ⅱ：沿底面分型，铸件全部在下箱，不会产生错箱，铸件易清理。但轴孔内凸台必须采用活块或下芯且轴孔难以铸出。

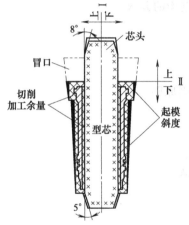

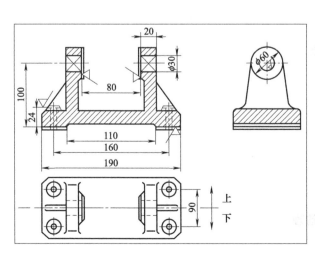

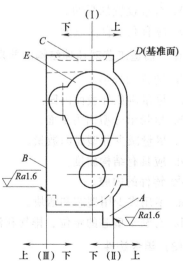

图 3-2　支座工艺图

③ C6140 车床进给箱体。

方案Ⅰ：能铸出轴孔，型芯稳定性好。但基准面朝上易产生缺陷且型芯数量较多，槽 C 妨碍起模，需用活块或型芯。

方案Ⅱ：从基准面分型，铸件大部分在下型，基准面朝上，轴孔难以铸出，且凸台 E 和槽 C 妨碍起模，需用活块或型芯。

方案Ⅲ：铸件全部置于下型，基准面朝下，铸件最薄处在铸型下部。但凸台 E 和槽 C 都需用活块或型芯，内型芯稳定性差。

大批量生产时选用方案Ⅰ，单件、小批量生产时选用方案Ⅱ或方案Ⅲ。

3.3 铸件的结构设计

铸件的结构工艺性，是指所设计的零件在满足使用性能的前提下，铸造成形的可行性和经济性，即铸造成形的难易程度。良好的铸件结构性应与金属的铸造性能和铸造工艺相适应。

大批量生产时，铸件的结构应便于采用机器造型；单件、小批量生产时，则应使所设计的铸件尽可能适应现有生产条件。

(1) 合金铸造性能对铸件结构的要求

① 铸件的壁厚。

a. 铸件壁厚应合理。

b. 铸件壁厚应均匀。

c. 致密铸件应符合顺序凝固原则。

② 壁的连接。

a. 应有结构圆角。

b. 应避免交叉、锐角接头。

c. 不同壁厚连接应逐渐过渡。

③ 避免变形和开裂的结构。

a. 结构对称。

b. 合理设置加强肋。

c. 应有利于自由收缩。

(2) 铸造工艺对铸件结构的要求

① 铸件的外形。

a. 尽量避免外表面内凹。

b. 尽量示分型面为平面。

c. 尽量减少分型面的数量。

d. 应具有结构斜度。

② 铸件的内腔。

a. 不用或少用型芯和活块。

b. 有利于型芯的定位、排气和清理。

(3) 组合铸件

对于某些大型复杂铸件，在生产条件不允许整体铸造时，可采用组合铸件。

3.4　常用铸件的生产

3.4.1　铸铁件的生产

铸铁是含碳量超过 2.11% 的铁碳合金。工业用铸铁实际上是以 Fe、C、Si 为主要元素的多元合金。

铸铁中碳的存在形式有两种：

① 渗碳体（化合状态）。

② 石墨（游离状态）。

铸铁分类：白口铸铁、灰口铸铁［可锻铸铁（团絮状石墨）、球墨铸铁（球状石墨）、灰铸铁（片状石墨）］、麻口铸铁。

(1) 铸铁的石墨化

① 石墨化过程　石墨化是铸铁中析出石墨的过程。

石墨化形式：缓慢冷却时，L（A）→石墨

加热时，Fe_3C→石墨

石墨是碳的一种结晶形态，具有六方晶格。原子呈层状排列，同一层面上的碳原子呈共价键，结合力强；层与层之间呈分子键，结合力弱。因此，石墨结晶形态易发展为片状，强度、硬度、塑性极低。

② 影响石墨化的因素。

a. 化学成分。碳和硅是强烈促进石墨化的元素。碳是石墨的基础，硅则促进了石墨的析出（C：2.7%～3.6%，Si：1.1%～2.5%）。碳和硅含量高时，石墨量多、尺寸大、铁素体多，因此强度、硬度低。

锰是微弱阻止石墨化的元素，可促进珠光体基体形成，提高铸铁强度和硬度（Mn：0.4%～1.2%）。硫和磷是有害元素（S：0.1%～0.15%，P≤0.2%）。

碳当量 $CE=C+(Si+P)/3\%$

$CE=4.28\%$，共晶成分；

$CE<4.28\%$，亚共晶成分；

$CE>4.28\%$，过共晶成分。

b. 冷却速度。同一铸件厚壁处为灰口组织，而薄壁处为白口组织，这说明缓慢冷却有利于石墨化过程的进行。

可见，当铁水的碳当量较高、结晶过程中缓慢冷却时，易形成灰口铸铁；相反则易形成白口组织。

(2) 灰铸铁

① 灰铸铁的组织和性能特点。

灰铸铁的组织：铁素体灰铸铁、铁素体＋珠光体灰铸铁、珠光体灰铸铁。如图 3-3 所示。

图 3-3　冷却过程的晶粒变化

灰铸铁的性能：

a. 机械性能较差。强度低、塑性低、韧性低且壁厚敏感；抗压强度、硬度与相同基体碳钢相近（见表 3-4）。

b. 其他性能。耐磨性好、减振性好、缺口敏感性小、铸造性能和切削加工性能良好。

表 3-4　灰铸铁与碳钢机械性能的比较

性能指标	抗拉强度 $\sigma_b/(N/mm^2)$	延伸率 $\delta/\%$	冲击韧性 $\alpha_k/(J/cm^2)$	硬度 (HBS)
铸造碳钢	400～650	10～25	20～60	160～230
灰铸铁	100～350	0～0.5	0～5	148～298

② 灰铸铁的牌号与用途　如表 3-5 所示。

HT200 表示灰铸铁，$\sigma_b \geqslant 200 N/mm^2$（壁厚增加，强度降低）。

表 3-5　灰铸铁的牌号及用途

牌　号	基 体 组 织	用　　途
HT100	铁素体	低负荷和不重要的零件。如手柄、盖板、重锤等
HT150	铁素体＋珠光体	受中等负荷的零件。如机座、支架、箱体、带轮等
HT200	珠光体	受较大负荷的重要件。如气缸、床身、活塞、中等压力阀体、齿轮箱、飞轮等

③ 灰铸铁的孕育处理。

孕育铸铁：HT250、HT300、HT350。

孕育处理：降低碳、硅含量，以提高铸铁的强度；浇注前向铁水中加入少量的孕育剂（75%硅铁），可以细化组织，促进石墨化。

孕育铸铁的特点：强度较高，冷却速度对其组织和性能的影响甚小。特别适合生产厚大铸件（如重型机床、压力机床身、高压液压件、活塞环、齿轮、凸轮等）。

(3) 球墨铸铁

球墨铸铁是在浇注前往铁水中加少量的球化剂和孕育剂，从而获得球状石墨的铸铁。

① 球墨铸铁的组织和性能。

球墨铸铁的组织：铁素体球铁、铁素体＋珠光体球铁、珠光体球铁。如图 3-4 所示。

图 3-4　球墨铸铁组织图

② 球墨铸铁的牌号与用途　如表 3-6 所示。

QT500-7 表示球墨铸铁，$\sigma_b \geqslant 500 N/mm^2$，$\delta \geqslant 7\%$。

表 3-6　球墨铸铁的牌号及用途

牌　　号	基 体 组 织	用　　途
QT450-10	铁素体	农机具零件、中低压阀门、输气管道
QT600-3	铁素体＋珠光体	负荷大、受力复杂的零件。如汽车、拖拉机曲轴，连杆，凸轮轴，蜗杆机床蜗杆、蜗轮、轧钢机轧辊、大齿轮
QT700-2	珠光体	
QT800-2	珠光体	高强度齿轮

③ 球墨铸铁的生产特点。

a. 严格控制化学成分（C、Si 较高，Mn、P、S 较低）。

b. 较高的出铁温度（1400～1420℃）。

c. 球化处理（获得球状石墨）。

d. 孕育处理（促进石墨化，细化均匀组织）。

e. 热处理。

退火——铁素体＋球状石墨，QT400-18。

正火——索氏体＋球状石墨，QT600-3。

调质——回火索氏体＋球状石墨，QT800-2。

等温淬火——下贝氏体＋球状石墨，QT900-2。

④ 球墨铸铁铸造工艺特点。

a. 流动性比灰铸铁差。

b. 收缩较灰铸铁大。

球墨铸铁件多应用冒口和冷铁，采用定向凝固原则。在铸型刚度很好的条件下，也可采用同时凝固原则而不用冒口或用小冒口。

(4) 铸铁的熔炼

冲天炉的熔炼过程：冲天炉的燃料为焦炭；金属炉料有铸造生铁锭、回炉料、废钢、铁合金；熔剂为石灰石和氟石。

在冲天炉熔炼过程中，高炉炉气不断上升，炉料不断下降（底焦燃烧）；金属炉料被预热、熔化和过热；冶金反应使铁水发生变化。

3.4.2　铸钢件的生产

铸钢的应用仅次于铸铁，其产量占铸件总产量的 15%。铸钢的主要优点是力学性能高，特别是塑性和韧性比铸铁高得多，焊接性能良好，适于铸焊联合工艺制造重型机械。但铸造性能、减振性和缺口敏感性都比铸铁差。

铸钢主要用于制造承受重载荷及冲击载荷的零件，如铁路车辆上的摇枕、侧架、车轮及车钩，重型水压机横梁，大型轧钢机机架，齿轮等。

常用铸钢有碳素铸钢、低合金铸钢和高合金铸钢。

(1) 铸钢的铸造工艺特点

铸钢的铸造性能差，铸造工艺复杂：

① 对砂型性能（如强度、耐火度和透气性）要求更高。

② 工艺上大都采用定向凝固原则。

③ 必须严格掌握浇注温度。

(2) 铸钢的热处理

为了细化晶粒、改善组织、消除铸造内应力以提高性能，铸钢件必须进行退火和正火处理。

(3) 铸钢的熔炼

① 电弧炉炼钢　钢液质量高，熔炼速度快，温度容易控制。炼钢的金属材料主要是废钢、生铁和铁合金。其他材料有造渣材料、氧化剂、还原剂和增碳剂等。

② 感应电炉炼钢　感应电炉是利用感应线圈中交流电的感应作用，使坩埚内的金属炉料（及钢液）产生感应电流，从而发出热量，使炉料熔化的。感应电炉的优点是加热速度快，热量散失小；缺点是炉渣温度较低，不能发挥炉渣在冶炼过程中的作用。

3.5　特种铸造

特种铸造可分为熔模铸造、金属型铸造、压力铸造、低压铸造和离心铸造等几类。

特种铸造特点（与砂型铸造相比）如下：

① 铸件精度和表面质量高、铸件内在性能好。

② 原材料消耗低、工作环境好。

③ 铸件的结构、形状、尺寸、重量和材料种类往往受到一定限制。

3.5.1 熔模铸造

熔模铸造是在易熔模样表面包覆若干层耐火材料，待其硬化后，将模样熔去制成中空型壳，经浇注而获得铸件的成形方法。

(1) 熔模铸造工艺过程

制造熔模→制模组→上涂料（及撒砂）→脱模→焙烧→浇注→落砂→切浇口。

(2) 特点

① 铸件的形状复杂，精度和表面质量较高（IT11～13，$Ra1.6～12.5$）。

② 合金种类不受限制，钢铁及有色金属均可适用。

③ 生产批量不受限制。

④ 工艺过程较复杂，生产周期长，成本高，铸件尺寸不能太大。

(3) 应用

熔模铸造是一种少、无切削的先进精密成形工艺，最适合 25kg 以下的高熔点、难加工合金铸件的批量生产。如汽轮机叶片、泵轮、复杂刀具、汽车上的小型精密铸件等。

3.5.2 金属型铸造

金属型铸造是在重力作用下将液态金属浇入金属铸型的成形方法。

金属型的结构可分为：水平分型式、垂直分型式及复合分型式等。

金属型铸造的优点有：

① 一型多铸，生产效率高。

② 铸件尺寸精度高，表面质量好（IT12～14，$Ra6.3～12.5$）。

③ 铸件冷却快，组织致密，机械性能好。

金属型铸造主要用于铜、铝、镁等有色金属铸件的大批量生产。如内燃机活塞、气缸盖、油泵壳体、轴瓦、轴套等。铸造铝活塞的金属型及金属型芯如图 3-5 所示。

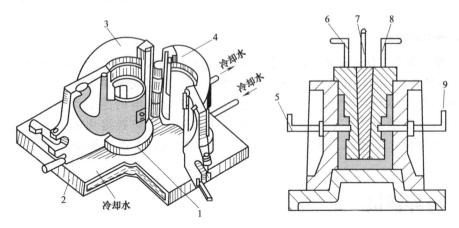

图 3-5　铸造铝活塞的金属型及金属型芯

3.5.3　压力铸造

压力铸造是将液态金属在高压作用下快速压入金属铸型中，并在压力下结晶，以获得铸件的方法。

(1) 压铸工艺过程

注入金属→压铸→抽芯→顶出铸件。

热式压铸机工作原理如图 3-6 所示，卧式冷室压铸机工作过程如图 3-7 所示。

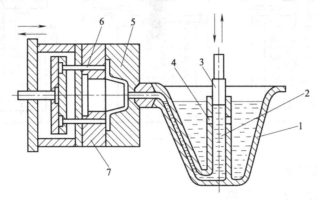

图 3-6　热式压铸机工作原理

1—热坩埚；2—压室；3—压射冲头；4—孔；5—定型；6—顶杆；7—动型

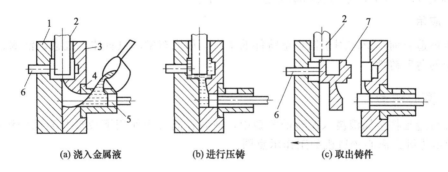

(a) 浇入金属液　　　(b) 进行压铸　　　(c) 取出铸件

图 3-7　卧式冷室压铸机工作过程

1—动型；2—型芯；3—定型；4—压室；5—压射冲头；6—顶杆；7—铸件

(2) 压力铸造的特点

① 铸件的尺寸精度高（IT8～12，$Ra3.2～0.4$）。

② 铸件的强度和表面硬度都较高。

③ 生产效率高（一般为 50～150 次/h）。

④ 铸件表皮下有气孔，不能多余量加工和热处理。

⑤ 设备投资大，压铸型制造成本高，适宜大量生产。

(3) 应用

压力铸造主要用于铝合金、锌合金和铜合金铸件。压铸件广泛应用于汽车、仪器仪表、计算机、医疗器械等制造业，如发动机气缸体、气缸盖、仪表和照相机的壳体与支架、管接头、齿轮等。

3.5.4 低压铸造

(1) 低压铸造工艺过程

合型→压铸→取出铸件。如图 3-8 所示。

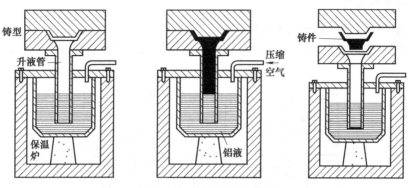

图 3-8 低压铸造工艺示意图

(2) 低压铸造的特点

① 浇注时的压力和速度可以调节。
② 采用底注式冲型，金属液冲型平稳。
③ 铸件在压力下结晶，铸件组织致密、轮廓清晰，机械性能高。
④ 浇注系统简单，金属利用率可达 90％以上。

(3) 应用

低压铸造目前广泛应用于铝合金铸件的生产，如汽车发动机缸体、缸盖、活塞、叶轮等形状复杂的薄壁铸件。

3.5.5 离心铸造

离心铸造是将金属液浇入旋转的铸型中，使其在离心力作用下成形并凝固的铸造方法。图 3-9 所示为卧式离心铸造机的工作示意图。

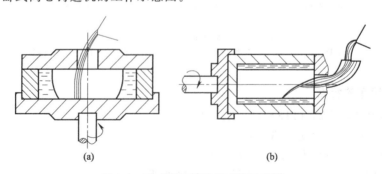

(a)　　　　　　　　　　　　　　(b)

图 3-9 卧式离心铸造机工作示意图

(1) 离心铸造的特点

① 铸件组织致密，机械性能好。
② 不用型芯和浇注系统，简化生产，节约金属。
③ 金属液的充型能力强，便于流动性差的合金及薄壁铸件。

④ 便于制造双金属结构。

⑤ 铸件易产生偏析，内孔不准确且内表面粗糙。

(2) 应用

离心铸造是铸铁管、气缸套、铜套、双金属轴承的主要生产方法，铸件最大可达 10 多吨。此外，在耐热钢辊道、特殊钢的无缝管坯、造纸机干燥滚筒等生产中也得到了应用。

第4章
焊接

4.1 概述

焊接是现代工业生产中不可缺少的先进制造技术。同时，焊接作为一种不可拆卸的连接方法，是金属热加工方法之一。焊接的实质是通过局部加热或加压，或加热又加压的方法，在使用或不使用填充材料的情况下，使两块分离的金属牢固地连接在一起的一种加工工艺方法。分离的金属经焊接后成为不可拆卸的整体，界面的原子通过相互扩散和结晶过程形成共同的晶粒，因而接头非常牢固，其强度一般不低于母材的强度。

(1) 焊接的分类

焊接的分类方法很多，若按焊接过程中金属所处的状态不同，可把焊接方法分为熔化焊、压力焊和钎焊三大类，每一类又包括许多焊接方法。如图4-1所示。

① 熔化焊　熔化焊是在焊接过程中，将焊件接头加热至熔化状态，然后冷却凝固形成牢固的接头的一种焊接方法。如埋弧焊、气焊、手工电弧焊等。

② 压力焊　压力焊是指在焊接过程中，两被焊工件接触处不论加热与否，都必须对焊件施加压力，使其产生一定塑性变形来完成焊接的方法。如电阻焊、摩擦焊等。

③ 钎焊　钎焊是在焊接过程中，采用比母材熔点低的金属材料作钎料，将焊件和钎料加热到高于钎料但低于母材熔点的温度，利用液态钎料润湿母材，充填接头间隙并与母材相互扩散实现焊件连接的方法。一般可分为软钎焊（加热温度在450℃以下，如锡焊）和硬钎焊（加热温度在450℃以上，如铜焊）。

(2) 焊接的特点和应用

与其他方法（螺栓连接、铆钉铆接、胶接）相比，焊接成形方便，方法灵活多样，工艺简便，能在较短的时间内生产出复杂的焊接结构。焊接生产适应性强，既能生产微型、大型的复杂金属构件，也能生产气密性好的高温高压设备；既能应用于单件小批量生产，也能适用于大批量生产。焊接的生产成本低，与铆接相比可节省材料，并可减少划线、钻孔、装配等工序，生产率高、气密性好。同时，采用焊接技术还能方便地实现异种材料的连接。但是，焊接也有存在着一些不足之处，如：结构不可拆卸，更换修理不方便；焊接接头组织性能不均匀，存在焊接应力，容易产生焊接变形与开裂等缺陷。

焊接主要用于制造金属结构件，如压力容器、建筑、桥梁、船舶、管道、车辆、起重机、海洋结构、冶金设备等；也可用于生产机器零件或毛坯，如重型机械和冶金设备中的机架、底座、箱体、轴、齿轮等。

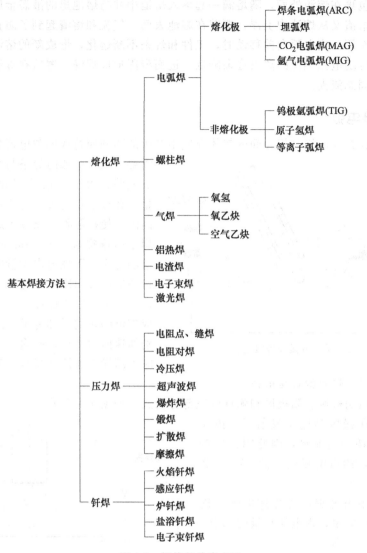

图 4-1　焊接的分类方法

4.2　手工电弧焊

手工电弧焊（简称手弧焊）是利用电弧产生的热量来熔化母材和焊条的一种手工操作的焊接方法。手工电弧焊可以在室内、室外、高空和各种焊接位置进行，设备简单，容易维修，焊钳小，使用灵便，适用于焊接高强度钢、铸钢、铸铁和非铁金属，其焊接接头可与工件的强度相近，是焊接生产中应用最广泛的焊接方法。

4.2.1　焊接过程

手工电弧焊是利用焊条与工件间产生的电弧，使工件和焊条熔化而进行焊接的，焊接过程如图 4-2 所示。熔化的焊条金属形成熔滴，在各种作用力（如重力、电磁力、电弧吹力等）的作用下，过渡到焊缝溶池中，与熔化的母材金属混合形成金属熔池。电弧热还使焊条药皮分解、燃烧和熔化，药皮分解和燃烧产生的大量气体充满在电弧和熔池周围。药皮熔化所形成的熔渣包裹在熔滴外面，随熔滴一起落入熔池中并与熔池里的液态金属发生物理化学反应；之后，熔渣又从熔池中上浮，覆盖在熔池表面。气流和熔渣起到了防止液态金属与空气接触的保护作用。当电弧向前移动时，工件和焊条不断熔化，形成新的熔池；而熔池后方液态金属的温度随电弧热源的离去逐渐降低，进而凝固形成焊缝，覆盖在焊缝表面的熔渣也逐渐凝固成为固态渣壳。

4.2.2 焊接电弧

焊接电弧就是在电极与焊件间的气体介质中产生的强烈而持久的放电现象。焊接时首先需要引弧。引弧时焊条与焊件瞬时接触造成短路，由于焊条端部和焊件表面不平整，在接触点通过的电流密度很大而产生高温，使接触处金属发生熔化、气化；当焊条迅速提起 2～4mm 时，阴极表面在电场力作用下发射出大量电子；电子以很快的速度飞向阳极，途中与中性气体分子及金属蒸汽原子碰撞，促使气体分子电离成带电的正离子和电子，这些带电粒子分别加速向两极运动的途中和到达电极表面时不断发生碰撞和复合，就产生强烈的光

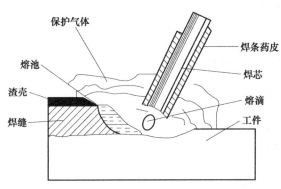

图 4-2 手工电弧焊焊接过程

和热，形成了光亮炫目的焊接电弧。

焊接电弧由阴极区、阳极区和弧柱区三部分构成。如图 4-3 所示。

阴极区：阴极区是电子发射区。由于发射电子需消耗一定能量，因此阴极区产生的热量较少，约占电弧热量的 36%。其平均温度为 2400K。

阳极区：阳极区表面受高速电子的撞击，产生较大的能量，占电弧热量的 43%。其平均温度为 2600K。

弧柱区：弧柱区长度几乎等于电弧长度，弧柱区产生的热量仅占电弧热量的 21%，但弧柱中心温度高达 6000～8000K。

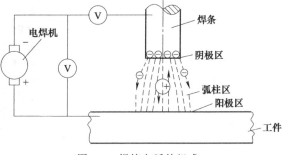

图 4-3 焊接电弧的组成

手弧焊时，电弧产生的热量只有 65%～85% 用于加热和熔化金属，其余的热量则散失在电弧周围和飞溅的金属滴中。

4.2.3 焊接设备

手弧焊机简称电焊机或弧焊机，手弧焊机一般按输出电源种类可分为两种，一种是交流电源、一种是直流电源。焊接电源的结构及特性与一般电力电源不同，弧焊电源的负载是电弧，它必须具有弧焊工艺所要求的电气性能，如合适的空载电压、一定形状的外特性（稳定状态下弧焊电源的输出电压与输出电流之间的关系称为外特性）、良好的动特性和灵活的调节特性等。

弧焊机按其供给的焊接电流性质可分为交流弧焊机和直流弧焊机两类。

(1) 交流焊接机

交流焊接机实际上是一种特殊的降压变压器，称为弧焊变压器。它将电网输入的交流电

转换成适宜于电弧焊的交流电。它具有结构简单、使用可靠和维护方便等优点，但在电弧稳定性方面有些不足。

BX1-330 型弧焊机是目前较常用的一种交流弧焊机，其外形如图 4-4 所示。

(2) 直流焊接机

常用的直流焊接机有整流式直流弧焊机和逆变式直流弧焊机两种。

整流弧焊机是电弧焊专用的整流器，又称弧焊整流器，它把网路交流电经降压和整流后转换为直流电。该焊机结构较简单、制造方便、空载损失小、噪声小，但价格比交流弧焊机高。ZXG-300 型弧焊机是目前较常用的一种整流弧焊机。

逆变式直流弧焊机又称为弧焊逆

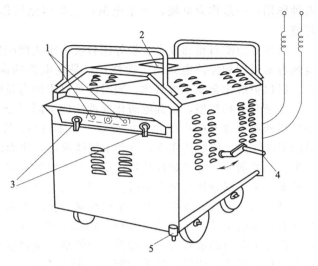

图 4-4 BX1-330 型交流弧焊机外形图
1—粗调电流抽头；2—电流指示盘；3—焊接电源两极；
4—细调电流手柄；5—接地螺钉

变器，是一种很有发展前景的新型弧焊电源。它具有高效节能、重量轻、体积小、调节速度快和良好的弧焊工艺性能等优点，近年来发展迅速。预计在未来的弧焊电源中将占据主导地位。

直流弧焊机的输出端有正极、负极之分，焊接时，电弧两端极性不变。因此，直流弧焊机输出端有两种不同的接线法（见图 4-5）：焊件接正极，焊条接负极，称为正接；焊件接负极，焊条接正极，称为反接。使用碱性焊条时，应采用直流反接，以保证电弧稳定燃烧；使用酸性焊条时，一般采用交流弧焊机，而交流弧焊机不存在正反接的问题。若采用直流弧焊机焊接厚板，则应采用正接，这是因为电弧阳极区温度和热量比阴极区高，采用正接可获得较大的熔深。焊接薄板时，为了防止烧穿，易采用反接。

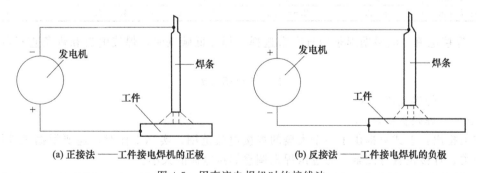

(a) 正接法 ——工件接电焊机的正极   (b) 反接法 ——工件接电焊机的负极

图 4-5 用直流电焊机时的接线法

图 4-6 电焊条

4.2.4 焊条

焊条由焊芯和药皮两部分组成，如图 4-6 所示。焊芯是一根具有一定直径和长度的金属丝。焊接时焊芯起两种作用：一是作为电极，产生电弧；二是熔化后作为填充金属，与熔化的母材一起形成焊缝。

药皮是用矿石粉和铁合金粉等原料按一定比例配置而成的。它的主要作用如下：一是使电弧容易引燃和保持电弧稳定燃烧；二是在电弧的高温作用下，产生大量气体，并形成溶渣，以保护熔化金属不被氧化。同时还可以添加有益的合金元素，改善焊缝质量。

焊条有多种类型，按其熔渣化学性质的不同可分为酸性焊条和碱性焊条两大类。酸性焊条是指药皮中含有酸性氧化物的焊条，如 E4303、E5003 等。焊接时有碳-氧反应，生成大量的 CO 气体，使熔池沸腾，有利于气体逸出，使焊缝中不易形成气孔；另外，酸性焊条药皮中的稳弧剂多，电弧燃烧稳定，交、直流电源均可使用，工艺性能好。但酸性药皮中含氢物质多，使焊缝金属的氢含量提高，焊接接头开裂倾向较大。

碱性焊条是指药皮中含有大量碱性氧化物的焊条，如 E4315、E5015 等。碱性焊条药皮中含有较多的 $CaCO_3$，焊接时分解为 CaO 和 CO_2，可形成良好的气体保护和渣保护；另外，药皮中含有的萤石等去氢物质，使焊缝中氢含量降低，产生裂纹的倾向小。但碱性焊条药皮中稳弧剂少，故焊条工艺性能差。碱性焊条氧化性小，焊接时无明显的碳-氧反应，对水、油和铁锈的敏感性大，焊缝中容易产生气孔。因此，使用碱性焊条焊接时，一般要求采用直流反接，并且要严格清理焊件表面和注意通风。

焊条还可以按其用途分为十大类：结构钢焊条、钼和耐热钢焊条、不锈钢焊条、堆焊焊条、低温钢焊条、铸铁焊条、镍和镍合金焊条、铜和铜合金焊条、铝和铝合金焊条、特殊用途焊条。

4.2.5　焊接工艺参数

焊接时，为了获得质量优良的焊接接头，就必须选定合适的焊条直径、焊接电流和焊接速度，即选定合适的焊接工艺参数。

(1) 焊接工艺参数的选择

① 焊条直径　应根据被焊工件的厚度来选择，如表 4-1 所示。

表 4-1　工件厚度与焊条直径的关系

工件厚度/mm	2	3	4～7	8～12	≥13
焊条直径/mm	1.6～2.0	2.5～3.2	3.2～4.0	4.0～5.0	4.0～5.8

② 焊接电流　应根据焊条的直径来选择。焊接低碳钢时，焊接电流和焊条直径的关系如下：

$$I = (30 \sim 55)d$$

式中　I——焊接电流，A；

　　　d——焊条直径，mm。

应当指出：上式只提供了一个大概的焊接电流范围，实际工作时，还要根据工件厚度、焊条种类、焊接位置等因素，通过试焊来调整焊接电流的大小。

③ 焊接速度　是指单位时间内完成的焊缝长度。手弧焊时，焊接速度的快慢由操作者凭经验控制，初学时要注意避免速度太快。

④ 焊接电弧　是指焊接电弧的长度，是阴极区、弧柱区和阳极区长度的总和。弧长过大时，燃烧不稳定，熔深小，易产生焊接缺陷。因此，操作时须采用短弧焊。一般要求弧长不超过焊条直径，取弧长 $L = (0.5 \sim 1)d$，并保持弧长一定。

(2) 焊接工艺参数对焊缝成形的影响

焊接工艺参数对焊缝成形的影响主要是指焊接电流和焊接速度对焊缝成形的影响，当焊接电流和焊接速度合适时，焊后焊缝的形状规则，焊波均匀并成椭圆形，焊缝各部分的尺寸符合要求。

焊接电流太小时，电弧不易引燃，燃烧不稳定，弧声变弱，焊波呈圆形，而且堆高增大，熔宽和熔深都减少。若焊接电流太大，则弧声强，飞溅增多，药皮往往变得红热，焊波变尖，熔宽和熔深都增加；焊薄板工件时，有烧穿的可能。

焊接速度太慢时，焊波变圆，而且堆高、熔宽和熔深都增加；焊薄板工件时，有烧穿的可能。焊接速度太快时，焊波变尖，焊缝形状不规则，而且堆高、熔宽和熔深都减少。

4.2.6　焊接位置

焊接位置是指熔焊时焊件接缝所处的空间位置，可用焊缝倾角和焊缝转角来表示。有平焊、立焊、横焊和仰焊位置等，如图 4-7 所示。其中，平焊位置最为合适（平焊时操作方便，操作条件好，生产率高，焊接质量容易保证），立焊和横焊位置次之，仰焊位置最差。

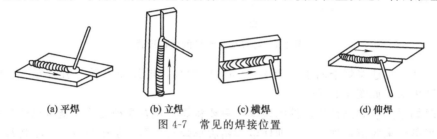

(a) 平焊　　　　(b) 立焊　　　　(c) 横焊　　　　(d) 仰焊
图 4-7　常见的焊接位置

4.2.7　焊接接头形式

常用的焊接接头形式有：对接接头、搭接接头、角接接头和 T 形接头等，如图 4-8 所示。

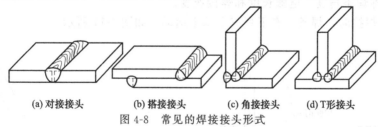

(a) 对接接头　　　(b) 搭接接头　　　(c) 角接接头　　　(d) T形接头
图 4-8　常见的焊接接头形式

4.2.8　焊接坡口形式

焊件较薄时，在焊件接头处只要留出一定间隙，采用单面焊或双面焊，就可保证焊透。焊件较厚时，为保证焊透，焊接前要将焊件的待焊部位加工成所需要的几何形状，即需要开坡口。对接接头常见的坡口形式如图 4-9 所示。

施焊时，对 I 形坡口、Y 形坡口、U 形坡口可根据实际情况，采用单面焊或双面焊来完成。一般情况下，能用双面焊时应尽量用双面焊，因为双面焊容易保证焊透，并减少变形。

加工坡口时，通常在焊件端面的根部留有一定尺寸的直边，称为钝边，其作用是防止烧穿。接头组装时，往往留有间隙，目的是保证焊透。

焊件较厚时，为了焊满坡口，要采用多层焊或多层多道焊。

4.2.9　基本操作

(1) 引弧

引弧就是使焊条和工件之间产生稳定的电弧。引弧时，首先将焊条末端与工件表面接触

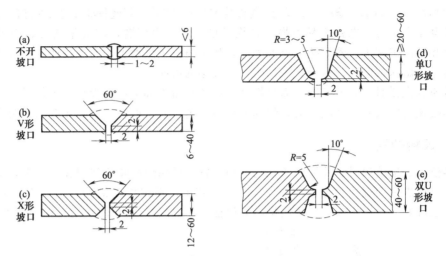

图 4-9 对接接头常见的坡口形式

形成短路，然后迅速将焊条向上提起 2～4mm 的距离，电弧即引燃。引弧方法有两种，即敲击法和摩擦法。如图 4-10 所示。

引弧时如果发生焊条粘住焊件的现象，只要将焊条左右摆动几下，就可以使焊条脱离焊件。如果焊条仍未脱离焊件，应立即使电焊钳脱离焊条，等焊条冷却后，用手将焊条扳掉。

(2) 堆平焊波

堆平焊波是手工电弧焊最简单的基本操作。初学者练习时，关键是掌握好运条和"三度"，"三度"即焊条角度、电弧长度和焊接速度。

① 运条　焊接时，焊条应有下列三个基本运动，如图 4-11 所示。

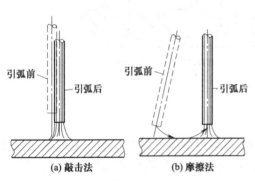

图 4-10 对接接头常见的坡口形式

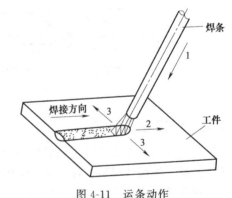

图 4-11 运条动作

1—向下送进；2—沿焊接方向移动；3—焊条横向摆动

a. 焊条均匀地向下送进，以保持稳定的弧长。如弧长过长，则电弧会飘忽不定，引起金属飞溅或熄弧；如过短，则容易短路。

b. 沿焊缝方向均匀向前移动。移动速度过慢，焊缝就过高、过宽，外形不整齐，甚至会烧穿工件。移动过快，则熔化不足，焊缝过窄，甚至焊不透。

c. 横向摆动，以获得一定宽度的焊缝。

在实际操作中，要根据工件厚度、接头形式和焊条直径等条件，合理地选择三个速度的大小，灵活地调整三者之间的关系，才能得到高质量的焊缝。

② 平焊操作要领。

a. 电弧长度。焊条在不断熔化的过程中，操作者必须保持电弧长度的稳定，一般合理的电弧长度约等于焊条直径。

b. 焊条角度。焊条与焊缝及工件之间的正确角度关系应该是焊缝宽度方向与焊条的夹角为 90°，焊缝与焊条运动方向的夹角在 70°～80°之间。

c. 焊接速度。合适的焊接速度应使所得焊道的熔宽约等于焊条直径的两倍，表面平整，波纹细密。焊速太高时焊道窄而高，波纹粗糙，熔合不良。焊速太低时熔宽过大，焊件容易被烧穿。

初学者练习时要注意：电流要合适，焊条要对正，电弧要短，焊速不要快，力求均匀。

(3) 对接平焊

对接平焊在生产中最常用。其步骤主要有备料、坡口准备、焊前清理、装配、点固、焊接、焊后清理、检验等。

4.3 其他焊接方法

4.3.1 埋弧自动焊

埋弧自动焊是使电弧在焊剂层下燃烧，利用机械自动控制焊丝送进和电弧移动的一种电弧焊方法。其焊缝形成过程如图 4-12 所示。

埋弧自动焊时，焊丝端部与焊件之间产生电弧后，电弧的热量使焊丝、焊件和焊剂熔化，有一部分甚至被蒸发。金属和焊剂的蒸气形成一个封闭的包围电弧和熔池的空腔，使电弧和熔池与外界空气隔绝。随着电弧向前移动，电弧不断熔化前方的焊件、焊丝与焊剂，而熔池的后部边缘则开始冷却凝固形成焊缝，比较轻的熔渣浮在溶池表面，冷却

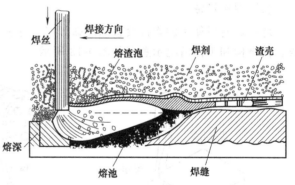

图 4-12 埋弧自动焊焊缝的形成过程

后形成渣壳。埋弧自动焊时，电弧的引燃、焊丝的送进、一定弧长的保持和沿焊接方向的移动等，都是由焊机自动进行的。

(1) 埋弧自动焊的特点和应用

埋弧焊生产的主要特点是埋弧、自动和大电流。与手弧焊相比，其主要优点如下。

① 生产率高　常用电流比手弧焊高 6～8 倍，且节省了换条时间，故生产率比一般手弧焊高 5～10 倍。

② 节省金属材料和电能　埋弧自动焊时，没有焊条头，20mm 以下厚度的工件可不开坡口，金属飞溅少，且电弧热得到充分利用，从而节省了金属和电能。

③ 焊接质量好　电弧保护严密，焊接规范，自动控制，移动均匀，因此焊接质量高而稳定，焊缝形状也美观。

④ 劳动条件好　看不见电弧，烟雾少，对焊工的技术要求也不高。

由于埋弧焊具有生产率高、焊缝质量好及劳动条件好等优点，常用于焊中厚板（6～60mm）结构的长直焊缝与较大直径（一般不小于 250mm）的环缝平焊，可焊接的钢种有

碳素结构钢、低合金结构钢、不锈钢、耐热钢及复合钢材等。但埋弧焊需添置较贵的设备，对焊件坡口加工和装配要求高，焊接工艺参数控制较严。

（2）焊丝与焊剂

焊丝与焊剂是埋弧自动焊的焊接材料。焊丝的作用相当于手弧焊的焊芯，焊剂相当于药皮。

常用熔炼型焊剂的使用范围及配用焊丝如表 4-2 所示。

表 4-2　国产焊剂使用范围及配用焊丝

牌号	焊剂类型	配用焊丝	使用范围
HJ130	无锰高硅低氟	H10Mn2	低碳钢及低合金结构钢如 Q345（即 16Mn）等
HJ230	低锰高硅低氟	H08MnA，H10Mn2	低碳钢及低合金结构钢
HJ250	低锰中硅中氟	H08MnMoA，H08Mn2MoA	焊接 15MnV、14MnMoV、18MnMoNb 等
HJ260	低锰高硅中氟	Cr19Ni9	焊接不锈钢
HJ330	中锰高硅低氟	H08MnA，H08Mn2	重要低碳钢及低合金钢，如 15g、20g、16Mng 等
HJ350	中锰中硅中氟	H08MnMoA，H08MnSi	焊接含 MnMo、MnSi 的低合金高强度钢
HJ431	高锰高硅低氟	H08A，H08MnA	低碳钢及低合金结构钢

（3）焊接设备

埋弧焊时所使用的焊接设备叫埋弧焊机。埋弧焊机由焊接电源、控制箱和焊车三部分组成。其结构和工作情况示意图如图 4-13 所示。

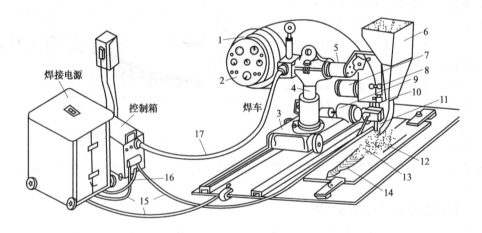

图 4-13　埋弧自动焊机的结构和工作情况示意图

1—焊丝盘；2—操纵盘；3—小车；4—立柱；5—横梁；6—焊剂漏斗；7—送丝电动机；8—送丝轮；9—小车电动机；
10—机头；11—导电嘴；12—焊剂；13—渣壳；14—焊缝；15—焊接电缆；16—控制线；17—控制电缆

① **焊接电源**　一般选用 BX2-1000 型弧焊变压器。采用直流电源时，可选用具有相当功率的直流弧焊机，焊接电源端的两极分别接工件和焊车上的导电嘴。

② **控制箱**　控制箱内装有控制及调节焊接规范的各种电器元件。控制箱与焊接电源、焊车之间有控制线路连接。

③ **焊车**　焊车由机头、操纵盘、焊丝盘、焊剂漏斗和小车等几部分组成，由立柱和横梁将各部分连接成整体。小车上装有直流电动机和减速机构，控制焊车沿轨道移动。

(4) 焊接工艺

埋弧焊要求焊接前仔细检查下料、开坡口和装配。若下料、开坡口和装配不准确，就会使焊缝成形不均匀，甚至发生大的缺陷。焊接前，应将焊缝两侧 50～60mm 内的一切污垢与铁锈清除掉，以免产生气孔。

埋弧焊一般在平焊位置焊接。焊接 20mm 以下工件时，可采用单面焊。如果设计上有要求也可进行双面焊接，或采用开坡口单面焊接。由于引弧处和断弧处不易保证，焊前应在接缝两端焊上引弧板与引出板（见图 4-14），焊后去掉。为了保证焊缝成形和防止烧穿，生产中常采用各种类型的焊剂垫板，或先用焊条电弧焊封底，如图 4-15 所示。

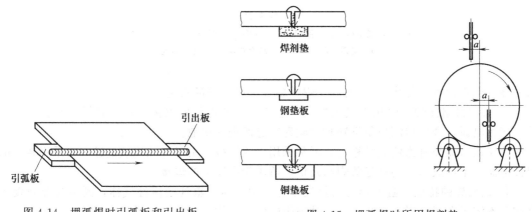

图 4-14　埋弧焊时引弧板和引出板　　　　　图 4-15　埋弧焊时所用焊剂垫

4.3.2　气体保护焊

气体保护焊是利用特定的某种气体作为保护介质的一种电弧焊方法。常用的保护气体有氩气和二氧化碳气体。

(1) 氩弧焊

氩弧焊是以氩气作为保护气体的电弧焊。氩气是惰性气体，可以避免焊缝金属中由于合金元素烧损带来的缺陷；而且，因为氩气是单原子气体，不会因分解而消耗能量，所以在这种气体中燃烧的电弧热量损失小。因此，氩气是一种较为理想的保护气体。氩弧焊按照电极结构不同，分为不熔化极氩弧焊（TIG）和熔化极氩弧焊（MIG）两类。如图 4-16 所示。

① 不熔化极氩弧焊　不熔化极氩弧焊即钨极氩弧焊，是以高熔点的铈钨棒作为电极，焊接时电极不熔化，只起导电和产生电弧的作用，因此需要外加填充金属，一般采用焊丝，也可采用填充金属条或卷边接头形式。

钨极氩弧焊按操作方式不同分为手工焊、半自动焊和自动焊三种。目前手工钨极氩弧焊是氩弧焊方法中应用最多的一种。其焊接过程如图 4-16（a）所示：焊接时，在钨极和焊件间产生电弧，填充焊丝从一侧送入，在电弧热的作用下，焊丝端部与焊件熔化形成熔池，随着电弧前移，熔池金属冷却凝固形成焊缝。

为防止钨合金熔化，钨极氩弧焊的焊接电流不能太大，且多用直流正接，以减少钨极的烧损。所以它只适合焊接厚度小于 6mm 的工件。但在焊接铝、镁及其合金时，应采用直流反接或交流电源，此时可以利用钨极发射的正离子撞击焊件表面，使焊件表面的氧化膜破碎

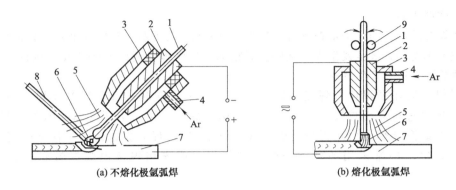

图 4-16 氩弧焊示意图
1—焊丝或电极；2—导电嘴；3—喷嘴；4—进气管；5—氩气流；
6—电弧；7—工件；8—填充焊丝；9—送进辊轮

而去除（也称阴极雾化作用），有利于焊件熔合，保证焊接质量。

② 熔化极氩弧焊 熔化极氩弧焊是用连续送进的焊丝做电极，焊丝和焊件间在氩气保护下产生电弧，金属熔滴呈很细颗粒"喷射"过渡进入熔池。

熔化极氩弧焊时为使电弧稳定，通常采用直流反接。由于焊丝连续送进，可采用较大的焊接电流，生产效率比钨极氩弧焊高几倍，适用于中厚板的焊接。

③ 氩弧焊的特点 氩弧焊使用氩气作为保护气体。氩气是惰性气体，既不与金属发生反应又不溶于金属而引起气孔，是一种理想的保护气体，能获得高质量的焊缝。

a. 由于电流受到氩气流的压缩和冷却作用，电弧加热集中，热影响区小，焊接应力与变形小，尤其适用于薄板焊接。

b. 由于是明弧焊，所以观察方便，操作灵活，适用于各种位置的焊接，焊后表面无熔渣，便于实现机械化和自动化。

c. 电弧稳定，即使小电流也很稳定，因此，容易控制熔池温度，适合单面焊双面成形。

d. 氩气价格贵、焊接成本高，焊接设备较复杂，维修较困难。

几乎所有金属材料都可进行氩弧焊。目前氩弧焊主要用于焊接易氧化的有色金属（如铝、镁、钛及其合金）、高强度合金钢、难熔活性金属（钼、锆、铌等）以及一些特殊性能合金钢（如不锈钢、耐热钢等）。

(2) CO_2 气体保护焊

CO_2 气体保护焊是以 CO_2 作为保护气体的焊接方法。其焊接过程和熔化极氩弧焊类似。如图 4-17 所示。

CO_2 气体保护焊有半自动焊和自动焊两类，半自动 CO_2 气体保护焊在生产中应用较广。

CO_2 气体保护焊的特点有：

① CO_2 气体价格便宜，故焊接成本低。

② 焊接电流密度大，电弧热量利用率高，焊后不需要清渣，故生产率高。

③ 电弧在气流压缩下燃烧，热量集中，热影响区小，变形和产生裂纹倾向也小，特别适用于薄板焊接。

④ 由于采用 CO_2 作为保护气体，焊缝含氢量少，抗裂性能好，不易产生气孔，因此，接头机械性能好，焊接质量高。

⑤ 明弧焊接，易于观察和操作，适于全位置焊接；易于实现机械化和自动化。

⑥ CO_2 气体保护焊的主要缺点是飞溅大，焊缝成形较差。

CO_2 气体保护焊不仅适用于低碳钢、低合金钢、低合金高强度钢、耐热钢、不锈钢等材料的焊接，而且，还可应用于磨损零件如曲轴、锻模的堆焊以及其他焊接缺陷的补焊；但是，由于 CO_2 在高温时会分解，使电弧气氛具有强烈的氧化性，易导致合金元素烧损，故不能焊接有色金属和高合金钢。

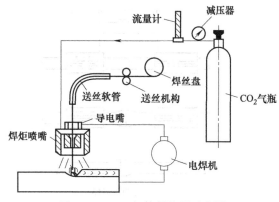

图 4-17　CO_2 气体保护焊示意图

4.3.3　电阻焊

电阻焊是将焊件组装后通过电极时施加压力，利用电流通过接头的接触面及邻近区域所产生的电阻热将被焊金属材料加热到局部熔化或高温塑性状态，在外加压力作用下形成牢固接头的焊接方法。

电阻焊所必须具备的条件是大电流和低电压的配合。焊接过程中所产生的热量为

$$Q = I^2 R t$$

式中　Q——电阻焊时所产生的电阻热，单位为 J；

　　　I——焊接电流强度，单位为 A；

　　　R——两电极之间的总电阻；

　　　t——通电时间，单位为 s。

电阻焊的基本形式有点焊、缝焊、对焊等。

① 点焊　点焊是将焊件装配成搭接接头，并压紧在两电极之间，然后接通电源，利用焊件间接触面的电阻热熔化母材金属形成熔核，然后断电，并在压力下凝固结晶，形成组织致密的焊点的电阻焊方法。点焊适用于焊接 4mm 以下的薄板（搭接）和钢筋，广泛用于汽车、飞机、电子、仪表和日常生活用品的生产。点焊示意图如图 4-18 所示。

点焊的工艺过程包括：

a. 预压，目的是保证工件接触良好。

b. 通电，使焊接处形成熔核及塑性环。

c. 断电锻压，使熔核在压力继续作用下冷却结晶，形成组织致密、无缩孔、无裂纹的焊点。

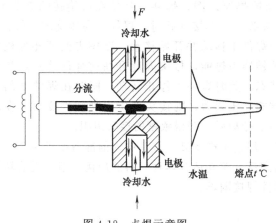

图 4-18　点焊示意图

② 缝焊　与点焊相似，所不同的是用旋转的盘状电极代替了柱状电极。叠合的工件在圆盘间受压通电，并随圆盘的转动而送进，形成连续焊缝的电阻焊方法。

缝焊主要用于焊接焊缝较为规则、要求密封的结构，板厚一般在 3mm 以下。

③ 对焊　对焊是使焊件沿整个接触面焊合的电阻焊方法。常用的有电阻对焊和闪光对焊。如图 4-19 所示。

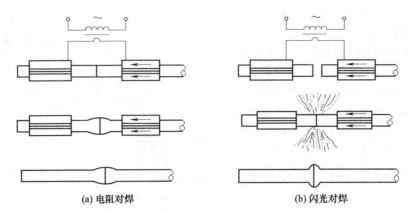

(a) 电阻对焊　　　　　　　　　　　　(b) 闪光对焊

图 4-19　对焊示意图

　　a. 电阻对焊。电阻对焊是将焊件装配成对接接头，使其端面紧密接触，利用电阻热加热至塑性状态，然后断电并迅速施加顶锻力以完成焊接的方法。电阻对焊主要用于截面简单、直径或边长小于 20mm 和强度要求不太高的焊件。

　　b. 闪光对焊。闪光对焊是将焊件装配成对接接头，接通电源后，使其端面逐渐移近达到局部接触，利用电阻热加热这些接触点，在大电流作用下产生闪光，使端面金属熔化，直至端部在一定深度范围内达到预定温度时，断电并迅速施加顶锻力完成焊接的方法。

　　闪光焊的接头质量比电阻焊好，焊缝力学性能与母材相当，而且焊前不需要清理接头的预焊表面。闪光对焊常用于重要焊件的焊接。它可焊同种金属，也可焊异种金属；可焊 0.01mm 的金属丝，也可焊 20000mm 的金属棒和型材。

4.3.4　摩擦焊

　　摩擦焊是利用焊件表面相互摩擦而产生的热，使端面达到热塑性状态，然后迅速顶压，完成焊接的一种压焊方法。图 4-20 所示为摩擦焊原理图，焊件 1 夹持在可旋转的夹头上，焊件 2 夹持在可沿轴向往复移动并能加压的夹头上。焊接开始时，焊件 1 高速旋转，焊件 2

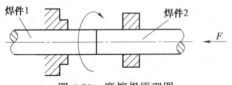

图 4-20　摩擦焊原理图

向焊件 1 移动并开始接触，摩擦表面消耗的机械能转换为热能，接头温度升高使焊件达到热塑性状态。此时焊件 1 停止转动，同时在焊件 2 的一端施加压紧力，则接头部位出现塑性变形。在压力下冷却后，获得致密的接头组织。

　　摩擦焊的接头质量好且稳定，尺寸精确，焊接生产率高。接头的焊前准备要求不高，设备易于机械化，劳动条件好，而且可焊材料广泛，尤其适合异种材料的焊接。但是受旋转加热方式的限制，对截面不规则的大型管状零件焊接困难。

4.3.5　超声波焊

　　超声波焊是利用 10kHz 以上超声波机械振动能实现的一种固相压力焊接方法。在压力作用下传输到焊件结合界面的超声频机械振动使界面两侧表面发生微位移相对滑动摩擦，这种微摩擦既有助于表面膜破碎而实现界面两侧间金属的接触，又因摩擦发热升温及随之发生的微变形而清除了界面上的微观不平度，扩大了有效接触面，加速了两侧金属原子通过界面进行的扩散及再结晶，从而实现了固相焊接。

金相分析表明，其焊接区具有适度冷作硬化后的细结晶组织特征，但无熔化迹象，而只是扩散、相变、再结晶等固相冶金过程的结果。

超声波焊接不会对焊件引起高温损伤和污染，特别适合金、银、铝、铂、钼合金细丝与硅片上金属涂层之间的微型引线焊接并形成低电阻接头，最易焊接高导热、导电材料，是微电子器件及电器制造中的重要连接方法，还可以焊接各种异种金属接头及塑料；耗用功率仅为电阻焊的 5% 左右，焊接变形小，强度稳定性好，对工件清洁度要求不高。

但是，随着焊件厚度的增加，设备所需功率指数剧增，因此，该法只适于丝、箔、片等薄件焊接，除铝外，一般可焊厚度不超过 1mm，接头形式一般为搭接接头。

4.3.6 钎焊

钎焊是采用比母材熔点低的金属材料作钎料，将焊件和钎料加热到高于钎料熔点、低于母材熔点的温度，利用液态钎料润湿母材，充填接头间隙并与母材相互扩散以实现焊件连接的方法。

根据加热方式不同，钎焊可分为烙铁钎焊、电阻钎焊、感应钎焊、盐浴浸沾钎焊、炉中钎焊等。

钎焊与其他焊接方法的根本区别是：焊接过程中工件不熔化，它依靠钎料熔化、填充来完成焊接。将表面清洗好的工件以搭接形式装配到一起，把钎料放在接头间隙附近或接头间隙之间，当工件与钎料被加热到稍高于钎料熔点后，钎料熔化并借助毛细管作用被吸入并充满固态工件的间隙，液态钎料与工件金属相互扩散溶解，冷凝后形成钎焊接头。

(1) 钎焊的焊接材料

① 钎料　钎焊时用于形成焊缝的填充金属叫钎料。钎料按熔点不同可分为软钎料和硬钎料。软钎料是指熔点低于 450℃ 的钎料，这种钎料强度低，主要有锡基、铅基、锌基、铋基和镉基等。用软钎料的钎焊称软钎焊，常用于焊接受力不大的常温工作的仪表、导电元件以及钢铁、铜及铜合金制造的构件。硬钎料是指熔点高于 450℃ 的钎料，其强度较高，可用来连接承载零件，主要有铝基、银基、铜基、锰基和镍基等。用硬钎料的焊接称为硬钎焊，它主要用于受力较大的钢铁和铜合金构件，以及工具、刀具的焊接。

② 钎剂　钎剂是钎焊时使用的熔剂。它的作用主要是清除焊件与钎料表面的氧化物，并保护焊件和液态钎料在钎焊过程中不被氧化，改善液态钎料对焊件表面的润湿性。软钎焊时，常用的钎剂为松香或氯化锌溶液。硬钎焊时，常用钎剂由硼砂、硼酸、氟化物、氯化物等组成。

(2) 钎焊的特点及应用

与一般熔化焊相比，钎焊的特点如下。

① 钎焊时，只有钎料熔化而焊件不熔化，因此，母材的组织和机械性能变化小，焊件的应力和变形小，接头光滑平整，工件尺寸精确。

② 可焊接结构形状复杂的特殊接头，如蜂窝结构、密封结构等，并可一次焊几条甚至几十条焊缝，生产率高。

③ 钎焊不仅可以连接同种金属，也适宜连接异种金属，甚至可以连接金属与非金属。

但是，钎焊接头强度较低，耐热能力较差，故常采用搭接接头，依靠增加搭接面积来保证接头与焊件具有相等的承载能力。另外，钎焊前清理要求严格，钎料价格较贵。

第 5 章
车削加工

车削加工是金属切削加工中最常用的、也是最基本的加工方法之一，所用设备是各类车床。在金属切削机床中，车床约占 50％左右。车床的加工范围很广，主要用于加工回转表面。其用途如图 5-1 所示。

车床加工精度尺寸公差等级一般为 IT9～IT7，表面粗糙度 Ra 值为 $1.6\mu m$。

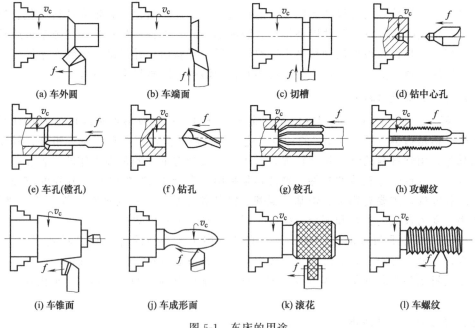

| (a) 车外圆 | (b) 车端面 | (c) 切槽 | (d) 钻中心孔 |

| (e) 车孔(镗孔) | (f) 钻孔 | (g) 铰孔 | (h) 攻螺纹 |

| (i) 车锥面 | (j) 车成形面 | (k) 滚花 | (l) 车螺纹 |

图 5-1　车床的用途

5.1　切削用量三要素

无论在哪种机床上进行切削加工时，刀具和工件之间都必须有适当的相对运动，称为切削运动。各种切削运动按照其特性以及在切削过程中的作用不同，可以分为主运动和进给运动。在车削加工中，主运动是工件的旋转运动；进给运动是刀具相对于工件的移动，如图 5-2 所示。切削用量三要素是切削速度 v_c、进给量 f 和背吃刀量 a_p。

① 切削速度 v_c　是指主运动的线速度，计算公式为

$$v_c = \frac{\pi d n}{1000} \text{（m/min）}$$

式中　d——待加工表面最大直径，mm；

　　　　n——工件的转速，r/min。

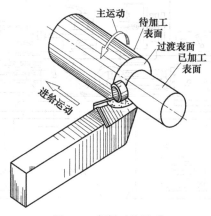

图 5-2　车削时的运动

② 进给量 f　在车削加工中，进给量是指工件每转一转时，车刀沿进给方向移动的距离，其单位为 mm/r。

③ 背吃刀量 a_p　又称切削深度，是指待加工表面和已加工表面之间的垂直距离，单位为 mm。

5.2　卧式车床

车床的种类很多，主要有卧式车床、砖塔车床、立式车床、多刀车床、自动及半自动车床、数控车床等。下面主要介绍常用的 C6136 卧式车床和 CA6140 卧式车床。

5.2.1　C6136 卧式车床

(1) C6136 卧式车床的组成部分

如图 5-3 所示是 C6136 车床的示意图。在编号 C6136 中，C 表示车床类，61 表示卧式车床，36 表示床身上最大工件回转直径的 1/10，即最大回转直径为 360mm。

C6136 卧式车床的主要组成部分有：床身、主轴箱、进给箱、光杠、丝杠、溜板箱、刀架、尾座和床腿等。

① 床身　是车床的基础零件，用于支撑和连接车床的各个部件。床身上的导轨用来引导刀架和尾座相对于主轴箱进行正确的移动。

② 主轴箱　又称床头箱，用来支撑和带动车床主轴及卡盘转动，内装主轴变速机构，可使主轴获得不同的转速。电动机的运动经 V 带传动传给主轴箱，通过变速机构使主轴得到不同的转速，主轴又通过传动齿轮带动配换齿轮旋转，将运动传给进给箱。主轴内有锥孔，用以安装顶尖，前部外锥面用于安装夹持工件的附件（如卡盘等），整个主轴为空心件，可以穿入细长棒料。

③ 配换齿轮箱　用来把主轴的转动传给进给箱，通过更换箱内齿轮可以改变由主轴传入进给箱的速度，还可配合进给箱内的变速机构来车削不同螺距的螺纹。

④ 进给箱　又称走刀箱，它是进给系统的变速机构，将配换齿轮传递过来的转动分别传给光杠或丝杠，可按所需要的进给量或螺距调整其变速机构，改变进给速度。

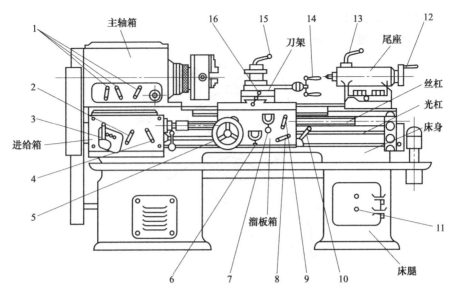

图 5-3 C6136 卧式车床的示意图

1—主轴变速手柄；2—倍增手柄；3—诺顿手柄；4—离合手柄；5—纵向手动手轮；6—纵向自动手柄；7—横向自动手柄；
8—自动进给换向手柄；9—对开螺母手柄；10—主轴启闭变速手柄；11—总电源开关；12—尾座手轮；
13—尾座套筒锁紧手柄；14—小滑板手柄；15—方刀架锁紧手柄；16—横向手动手柄

⑤ 光杠、丝杠　光杠用于自动走刀车除螺纹以外的表面，将进给箱的运动传递给溜板箱，使车刀做直线运动。丝杠只用于车削螺纹。

⑥ 溜板箱　它是车床进给运动的操作箱，将光杠传来的旋转运动变为车刀需要的纵向或横向的直线运动，也可操纵对开螺母由丝杠带动刀架车削螺纹。溜板箱中有个互锁机构，是为了防止因操作错误而同时接通丝杠和纵、横向自动进给，在操作车床时，当对开螺母合上时，自动进给不能接通；反之，自动进给接通时，对开螺母不能接通。

⑦ 刀架　用于夹持车刀使其做纵向、横向或斜向进给运动，由大拖板、中滑板、转盘、小滑板和方刀架组成，如图 5-4 所示。大拖板与溜板箱连接，带动车刀沿床身导轨做纵向移动。中滑板沿大拖板上面的导轨做横向移动。转盘用螺栓与中滑板紧固在一起，松开螺母，可使其在水平面内扳转任意角度。小滑板可沿转盘上的导轨做短距离的移动，当转盘扳转某一角度后，小滑板可带动车刀做斜向进给或车削圆锥面。方刀架用于夹持车刀，可同时安装四把车刀。

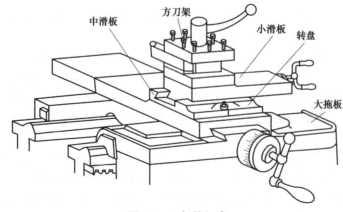

图 5-4　刀架的组成

⑧ 尾座　尾座安装在车床导轨上，用于安装顶尖来支撑工件，也可安装钻头、铰刀等孔加工刀具。

(2) C6136 卧式车床各部分的调整及手柄的使用

C6136 卧式车床采用操纵杆式开关（图 5-3），在光杠下面为主轴启闭变速手柄 10，11 为总电源开关。接通总电源开关 11 后，手柄 10 向上为正转（逆时针），向下为反转（顺时针），中间为停止位置。

① 主轴转速的调整。通过变换主轴箱上的变速手柄 1（3 个）的位置来调整主轴转速，其中每个手柄有两个正常位置，可以获得 42～980r/min 之间的 8 种不同的转速。变换手柄位置时，或左推，或右拉，若手柄推拉不到位时，用手转动卡盘即可使手柄转到需要的位置。

变速时应注意：

a. 不允许在车床工作时变换主轴的速度，必须停车变速。

b. 开车后如果主轴不旋转，可能是变速手柄未扳到正常位置，此时应关闭电源，让电动机停止转动后再把变速手柄扳到正常位置。

② 进给量的调整　可以通过变换配换齿轮和改变诺顿手柄 3 以及倍增手柄 2 的位置来调整进给量。诺顿手柄有六个位置，倍增手柄有两个位置，当配换齿轮一定时，诺顿手柄和倍增手柄配合使用可以获得 12 种不同的进给量。更换不同的配换齿轮，可以获得多种进给量。

③ 手柄的使用　离合手柄 4 是用来控制光杠或丝杠转动的。车削螺纹时，使用丝杠，离合手柄扳到"螺纹"位置上；一般车削走刀，即车削除螺纹以外的其他表面时，使用光杠，离合手柄扳到"走刀"位置上。

a. 手动手柄。操作者面对车床，顺时针摇动纵向手动手轮 5，刀架向右移动；逆时针摇动，刀架向左移动。顺时针摇动横向手动手柄 16，刀架向前移动；逆时针摇动，刀架向后移动。当需要短距离移动刀具时，可使用小滑板手柄 14，面向主轴箱，顺时针转动手柄，刀具向前移动（纵向向左）；逆时针转动，刀具向后移动（纵向向右）。方刀架锁紧手柄 15 在装刀和卸刀时使用，顺时针转动，方刀架锁紧；逆时针转动，方刀架松开（装刀、卸刀和车削时，方刀架均要锁紧）。手轮 12 用于移动尾座套筒，手柄 13 用于锁紧尾座套筒。

b. 自动手柄。若离合手柄 4 扳到"走刀"位置，当自动进给换向手柄 8 放在"向左"的位置时，抬起纵向自动手柄 6，刀架自动向左进给；抬起横向自动手柄 7，刀架自动向前进给。当自动进给换向手柄 8 放在"向右"的位置时，抬起纵向自动手柄 6，刀架自动向右进给；抬起横向自动手柄 7，刀架自动向后进给。若离合手柄 4 扳到"螺纹"位置，换向手柄 8 放在"中间"位置时，即可闭合对开螺母手柄 9 来车削螺纹。

(3) C6136 卧式车床的传动系统

C6136 卧式车床的传动系统图如图 5-5 所示。

① 主运动传动系统　C6136 卧式车床主轴共有 8 种转速，分别是 42r/min、68r/min、104r/min、165r/min、255r/min、405r/min、615r/min 和 980r/min。

② 进给运动传动系统　车床做一般进给时，刀架由光杠经过溜板箱中的传动机构来带动。为适应不同的加工要求，车床的进给量需做相应的改变。对于每一组配换齿轮，C6136 卧式车床的进给箱可相应变化 12 种不同的进给量，其范围是：

a. 纵向进给量：$f_{纵} = 0.043 \sim 2.37$mm/r。

b. 横向进给量：$f_{横} = 0.038 \sim 2.1$mm/r。

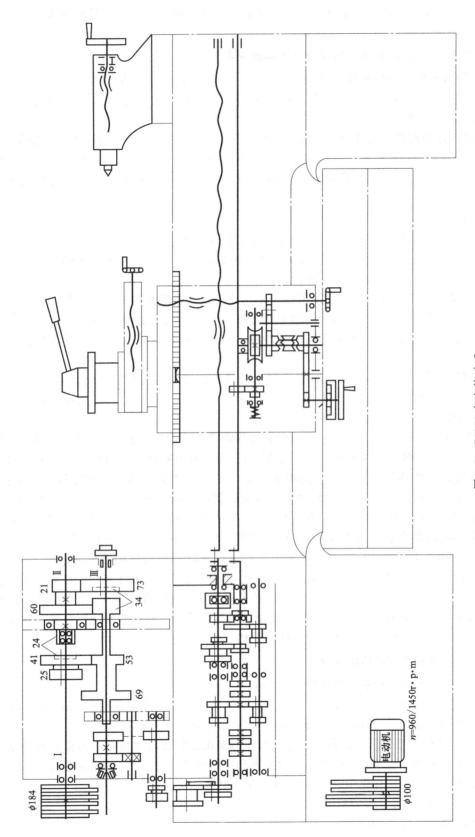

图 5-5 C6136 车床传动系

加工螺纹时，车刀的纵向进给运动由丝杠带动溜板箱上的对开螺母，从而拖动刀架来实现。

5.2.2 CA6140 卧式车床

(1) CA6140 卧式车床的组成

CA6140 卧式车床的主要组成部分有：主轴箱、进给箱、溜板箱、床身、床腿、尾座和刀架等。如图 5-6 所示。

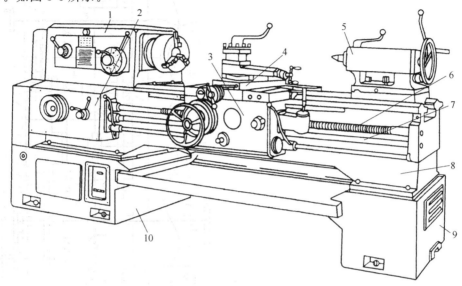

图 5-6　CA6140 卧式车床

1—主轴箱；2—进给箱；3—溜板箱；4—刀架部分；5—尾座；
6—丝杠；7—光杠；8—床身；9—右床脚；10—左床脚

① 床身　用于安装车床的各个主要部件，支承各主要部件并使它们在工作时保持准确的相对位置。

② 主轴箱　它用螺钉、压板固定在床身的左上端，内装主轴和变速传动机构，工件通过卡盘装夹在主轴前端。主轴箱用来支承主轴并把动力经主轴箱内的变速传动机构传给主轴，使主轴带动工件按照规定的转速旋转，实现主运动。

③ 进给箱　箱内装有进给运动的变速机构，调整其变速机构，可得到所需的进给量或螺距。

④ 溜板箱　位于床身前面，与纵向溜板相连，可与刀架一起做纵向运动。它的作用是把进给箱通过光杠或丝杠传来的运动传递给刀架，使刀架实现纵向和横向进给或快速移动或车螺纹。

⑤ 尾座　它安装在床身右端导轨面上，可沿导轨纵向调整其位置，其主要用途是安装后顶尖支承细长工件，或装钻头、铰刀等孔加工工具来在车床上钻孔、扩孔和铰孔，还可安装丝锥和板牙来攻螺纹和套螺纹等。

⑥ 刀架　用来夹持车刀并使其做纵向、横向或斜向进给运动。

(2) 机床的主要技术性能

床身上最大工件回转直径　　　　　　400mm
最大工件长度　　　　　　　　　　　750mm、1000mm、1500mm、2000mm
刀架上最大工件回转直径　　　　　　210mm

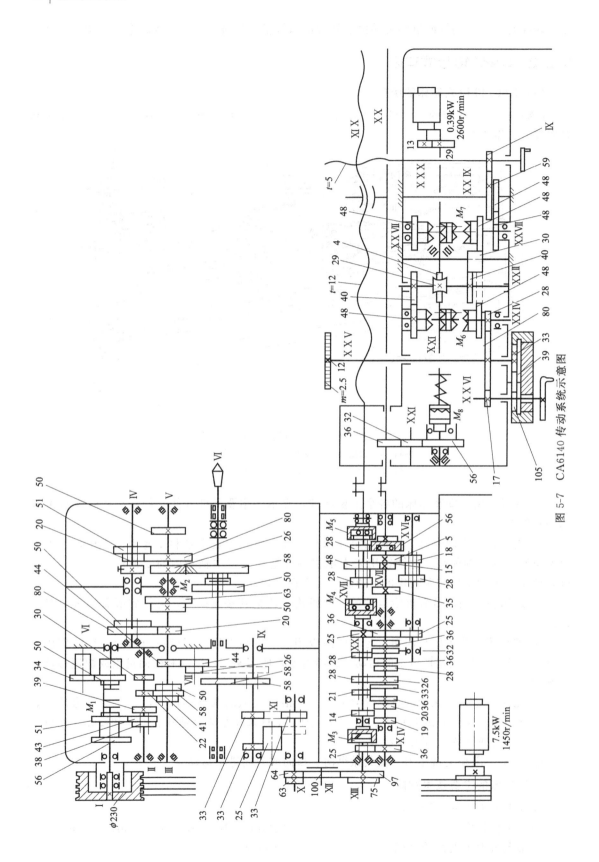

图 5-7　CA6140 传动系统示意图

主轴转速：正转 24 级 $10\sim1400\text{r/min}$

            反转 12 级 $14\sim1580\text{r/min}$

进给量：纵向 64 级 $0.028\sim6.33\text{mm/r}$

           横向 64 级 $0.014\sim3.16\text{mm/r}$

车削螺纹范围：米制螺纹 44 种 $P=1\sim192\text{mm}$

                英制螺纹 20 种 $a=2\sim24\ \text{牙/in}$

                模数螺纹 39 种 $m=0.25\sim48\text{mm}$

                径节螺纹 37 种 $DP=1\sim96\ \text{牙/in}$

主电动机功率 7.5kW，1450r/min

（3）CA6140 卧式车床的传动系统

CA6140 卧式车床的传动系统示意图如图 5-7 所示。

5.3 车刀及其刃磨与安装

5.3.1 刀具材料

常用的刀具材料主要有高速钢和硬质合金两大类。

高速钢俗称白钢，我国常用的牌号是 W18Cr4V，高速钢刀具切削时能承受 $600\sim700℃$ 的温度，最高切削速度可达 30m/min 左右。

硬质合金是由碳化物（WC、TiC）及黏结剂（Co）高压成型后烧结而成的，一般分为钨钴类（YG）和钨钛钴类（YT）两大类。YG 类硬质合金抗弯强度和韧性较好，耐磨性较差，适用于切削铸铁等脆性材料或冲击力较大的场合，粗加工采用 YG8，精加工用 YG3（牌号中的数字表示钴含量的百分数）；YT 类硬质合金耐磨性、耐热性好，但其抗弯强度和韧性较差，适用于切削塑性材料，粗加工采用 YT05，精加工用 YT15、YT30（牌号中的数字表示 TiC 含量的百分数）。硬质合金刀具切削时能承受 $800\sim1000℃$ 的温度，最高切削速度可达 100m/min 左右，可见硬质合金刀具可采用的切削速度比高速钢刀具要高得多，但其抗弯强度、冲击韧性要比高速钢低，为此硬质合金往往制成刀片的形状。

5.3.2 车刀的种类

车刀是金属切削加工中应用最广泛的刀具，它可以用来加工外圆、内孔、端面、螺纹，也可以用于切槽和切断等，因此车刀在形状、结构尺寸等方面各不相同，种类很多。

车刀按结构形式不同可以分为可转位式、焊接式、整体式车刀，如图 5-8 所示。按用途不同可以分为外圆车刀、端面车刀、切断刀、螺纹车刀、成型车刀等，如图 5-9 所示。

各种车刀都由刀柄（也称刀杆）和刀体（也称刀头）两部分组成。刀柄是刀具的夹持部

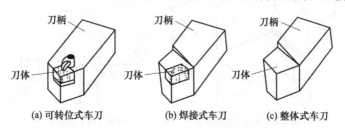

(a) 可转位式车刀　　(b) 焊接式车刀　　(c) 整体式车刀

图 5-8　车刀按结构形式分类

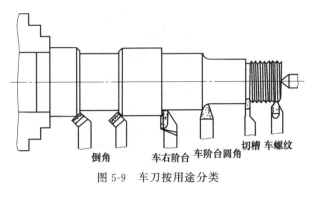

图 5-9 车刀按用途分类

分，刀体是刀具的切削部分，它由"三面两刃一尖"组成，如图 5-10 所示。

① 前刀面　刀具上切屑流过的面。

② 主后刀面　与工件过渡表面相对的表面。

③ 副后刀面　与工件已加工表面相对的表面。

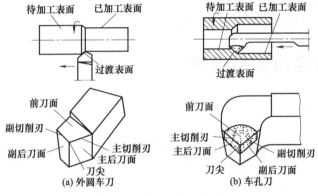

图 5-10　车刀刀体的组成

④ 主切削刃　前刀面与主后刀面的交线，担负主要的切屑工作。

⑤ 副切削刃　前刀面与副后刀面的交线，担负少量的切屑工作，起修光工件的作用。

⑥ 刀尖　主切削刃的副切削刃的相交部分，一般要磨成一小段过渡圆弧来提高刀尖强度和改善散热条件。

5.3.3　车刀的几何角度

这里涉及确定车刀角度的三个辅助平面，即基面、切削平面和正交平面。基面是通过主切削刃上某一点并与该点切削速度方向垂直的平面；切削平面是通过主切削刃上某一点，与主切削刃相切，且垂直于该点基面的平面；正交平面是通过主切削刃上某一点并与主切削刃在基面上的投影垂直的平面。这三个辅助平面在空间是相互垂直的。如图 5-11 所示。

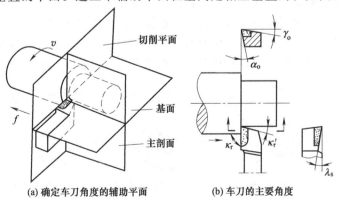

(a) 确定车刀角度的辅助平面　　(b) 车刀的主要角度

图 5-11　车刀角度

（1）前角 γ_0

在正交平面内测量的基面与前刀面之间的夹角称为前角 γ。其作用是减小切削变形。前角增大可使刀刃锋利，切削力减小，便于切削；但前角过大会使刀刃的散热条件变差，刀刃强度降低。

在正交平面内，当前刀面与切削平面之间的夹角小于 90°时，前角为正；当前刀面与切削平面之间的夹角大于 90°时，前角为负。前角的大小与刀具材料、切削条件以及工件材料有关，一般取 5°～20°，切削塑性材料时，一般取较大的前角；切削脆性材料时，一般取较小的前角；当切削有冲击时，前角应取小值，甚至取负前角。

（2）后角 α_0

在正交平面内测量的切削平面与主后刀面之间的夹角称为后角 α。其作用是减小主后刀面与工件过渡表面之间的摩擦，又与前角共同影响刀刃的强度和锋利程度。

在正交平面内，当主后刀面与基面之间的夹角小于 90°时，后角为正；当主后刀面与基面之间的夹角大于 90°时，后角为负。一般取 3°～12°，加工塑性材料时后角可取得大些，加工脆性材料时后角取小些；粗加工时选用较小值，精加工时选较大值。

（3）主偏角 κ_r

在基面内测量的主切削刃在基面上的投影与进给方向之间的夹角称为主偏角 κ_r。减小主偏角，可以改善切削刃的散热条件及增加刀尖强度。但主偏角减小时，切削时工件的背向力（也称径向力）增加，易引起工件的振动和弯曲，如图 5-12 所示。故切削细长轴时，为减小背向力，常选用主偏角为 75°或 90°的车刀。主偏角常分 45°、60°、75°、90°，可合理选用。

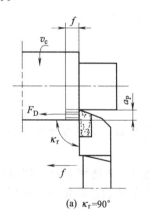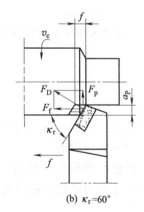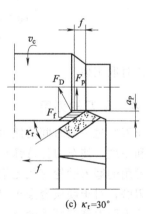

(a) $\kappa_r=90°$　　　　　(b) $\kappa_r=60°$　　　　　(c) $\kappa_r=30°$

图 5-12　主偏角对背向力的影响

（4）负偏角 κ_r'

在基面内测量的副切削刃在基面上的投影与进给运动的反方向之间的夹角称为负偏角 κ_r'。其主要作用是减小副切削刃与工件已加工表面之间的摩擦，以改善工件加工表面的粗糙度。在同样的背吃刀量和进给量的情况下，减小负偏角，可减小车削后的残留面积，降低表面粗糙度，如图 5-13 所示。负偏角 κ_r' 一般取 5°～15°。

（5）刃倾角 λ_s

在切削平面内测量的主切削刃与基面之间的夹角称为刃倾角 λ_s。其主要作用是控制切屑的流动方向和改变刀尖的强度。当刃倾角为正值时，切削刃强度较弱，切屑流向待加工表面；当刃倾角为负值时，切削刃强度较好，切屑流向已加工表面；当刃倾角为零时，切屑垂直于切削刃流出，如图 5-14 所示。刃倾角 λ_s 一般取值在 −4°～4°之间，粗加工时取负值，

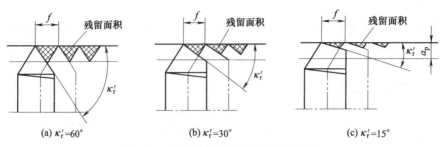

(a) $\kappa_r'=60°$ (b) $\kappa_r'=30°$ (c) $\kappa_r'=15°$

图 5-13 不同负偏角对残留面积的影响

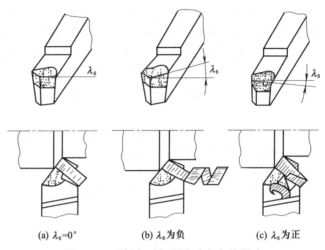

(a) $\lambda_s=0°$ (b) λ_s 为负 (c) λ_s 为正

图 5-14 刃倾角对切屑流动方向的影响

精加工时取正值。

5.3.4 车刀的刃磨

车刀经过一段时间的使用会产生磨损，使切削力和切削温度增高，为了恢复车刀原来的形状和角度，使车刀保持锋利，必须对其进行刃磨。

常用的磨刀砂轮有氧化铝砂轮（白色）和碳化硅砂轮（绿色）。高速钢车刀应用氧化铝砂轮刃磨；对于硬质合金车刀，其刀体部分的碳钢材料可先采用氧化铝砂轮粗磨，再用碳化硅砂轮刃磨刀体的硬质合金。

(1) 车刀的刃磨步骤

车刀的刃磨步骤如图 5-15 所示。

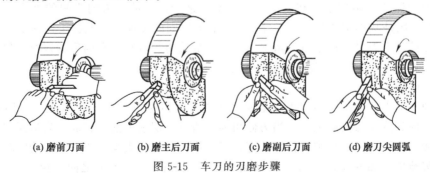

(a) 磨前刀面 (b) 磨主后刀面 (c) 磨副后刀面 (d) 磨刀尖圆弧

图 5-15 车刀的刃磨步骤

① 磨前刀面　目的是磨出车刀的前角 γ_0 和刃倾角 λ_s。

② 磨主后刀面　目的是磨出车刀的主偏角 κ_r 和后角 α_0。

③ 磨副后刀面　目的是磨出车刀的负偏角 κ'_r 和副后角 α'_0。

④ 磨刀尖圆弧　在主切削刃与副切削刃之间磨刀尖圆弧，以提高刀尖强度和改善散热条件。

（2）刃磨时的注意事项

① 刃磨时，人应站在砂轮的侧面，双手拿稳车刀，用力要均匀，倾斜角度要合适，要在砂轮的圆周中间部位刃磨，并左右移动车刀。

② 在磨高速钢车刀时，刀头发热，要经常把刀放入水中冷却，以防刀具因温升过高而软化。磨硬质合金车刀时，不能将刀头放入水中冷却，否则硬质合金刀片会因激冷而产生裂纹，只可把刀柄置于水中冷却。

③ 在砂轮机上把车刀各个面磨好之后，还应用油石细磨车刀各面，进一步降低各个切削刃及各面的表面粗糙度，从而提高车刀的耐用度和工件加工表面的质量。

5.3.5　车刀的安装

车刀安装在方刀架上，如图 5-16 所示。其正确安装有以下几点要求：

① 刀尖应与车床主轴中心等高。

② 车刀在方刀架上伸出的长度要合适，一般应小于刀体高度的 2 倍（不包括车内孔）。

③ 车刀垫片要放置平整，车刀与方刀架均要锁紧。

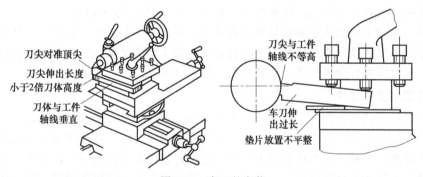

刀尖对准顶尖
刀尖伸出长度
小于2倍刀体高度
刀体与工件
轴线垂直
刀尖与工件
轴线不等高
车刀伸
出过长
垫片放置不平整

图 5-16　车刀的安装

5.4　工件的安装及所用附件

车床主要用于加工回转表面。安装工件时，为保证工件位置准确，应使被加工表面的回转中心与车床主轴的中心线重合，并夹紧工件以承受切削力，保证工作时的安全。在车床上可利用各种各样的附件和不同的安装方法来加工不同形状和不同加工表面的工件。应根据工件的形状、尺寸以及加工批量等不同情况，采用合适的安装方法，以提高生产效率和保证加工质量。

（1）用三爪自定心卡盘安装工件

三爪自定心卡盘是车床上最常用的附件，其构造如图 5-17 所示。三爪自定心卡盘的三个卡爪是同时等速移动的，所以用它安装工件可以自动找正，方便迅速，主要用来安装截面为圆形、正三边形、正六边形的工件。使用时将方头扳手插入卡盘的任一个方孔中，旋转扳

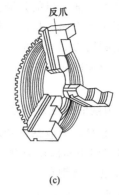

图 5-17　三爪自定心卡盘

手驱动小锥齿轮旋转，与之啮合的大锥齿轮随之转动，大锥齿轮背面的平面螺纹带动三个卡爪同时向中心收拢或张开，以夹紧不同直径的工件。若工件的直径较大时，可换上反爪进行安装。

(2) 用四爪单动卡盘安装工件

与三爪自定心卡盘不同，四爪单动卡盘的四个卡爪是独立移动的，分别安装在卡盘体的四个卡槽内，每个卡爪后面都装有调节用的螺杆，用扳手转动螺杆便可使卡爪在卡槽内移动，如图 5-18 所示。四爪单动卡盘的夹紧力比三爪自定心卡盘大，主要用于装夹截面为圆形、椭圆形、四方形或其他不规则的工件，也可用来安装较重的圆形截面工件。如果把四个卡爪各自调头安装在卡盘体上，即成为"反爪"，可安装尺寸较大的工件。

由于四爪单动卡盘的四个卡爪是独立移动的，可加工偏心工件。在安装工件时必须仔细找正。如零件的安装精度要求很高、三爪自定心卡盘不能满足要求时，也往往在四爪单动卡盘上安装，此时需用百分表找正，安装精度可达 0.01mm。

(3) 用顶尖安装工件

在车床上加工轴类工件时，往往用双顶尖装夹。如图 5-19 所示的是在顶尖上安装工件的情形。把工件架在前后两个顶尖上，前顶尖装在主轴锥孔内，并和主轴一起旋转，后顶尖装在尾座套筒内。卡箍（又称鸡心夹头）用夹紧螺钉紧固在工件的左端，利用安装在主轴前端的拨盘带动卡箍和工件同时旋转。也可采用一端用卡盘另一端用顶尖的安装方法，以提高工件的刚性。

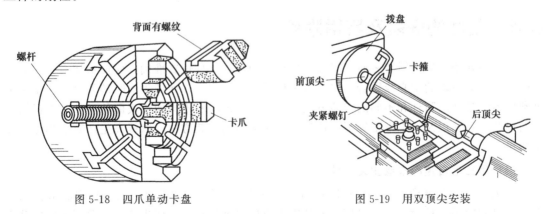

图 5-18　四爪单动卡盘　　　　　　图 5-19　用双顶尖安装

常用的顶尖分死顶尖和活顶尖两种，如图 5-20 所示。

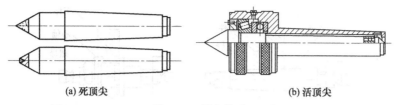

(a) 死顶尖   (b) 活顶尖

图 5-20 顶尖类型

前顶尖用死顶尖，它安装比较稳固，刚性较好，但由于工件和顶尖之间有相对运动，顶尖容易磨损，在接触面上要加润滑油，适用于低速车削和工件精度要求较高的场合。高速车削时，为了防止后顶尖与中心孔因摩擦过热而损坏或烧坏，常采用活顶尖，由于活顶尖内部有轴承，在车削时顶尖与工件一起旋转，可避免工件中心孔与顶尖之间的摩擦，但它的准确度不如死顶尖高，一般用于粗加工和半精加工。

用顶尖安装工件的步骤如下。

① 安装前 先车平端面，然后用中心钻钻出中心孔，此时主轴转速可高些，中心孔是轴类零件的定位基准，轴类零件的尺寸都是以中心孔定位车削的，而且中心孔能够在各个工序中重复使用，其定位精度不变。

② 将拨盘安装到主轴上。

③ 安装前后顶尖 此时要检查工件端面的中心孔，要求中心孔形状正确，孔内光洁且无杂物，然后用力将顶尖推入中心孔。

④ 对正前后顶尖 如不在一条直线上，可调节尾座，如图 5-21 所示。

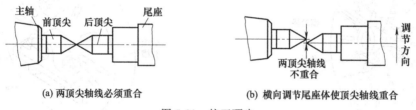

(a) 两顶尖轴线必须重合   (b) 横向调节尾座体使顶尖轴线重合

图 5-21 校正顶尖

⑤ 安装工件 先把卡箍套在工件的一端，用手轻轻拧紧卡箍螺钉（待安装调整完毕，再最后拧紧）。将工件装在两顶尖之间，转动尾座手轮，调节后顶尖与工件中心孔之间的松紧程度。加工过程中工件会因切削发热而伸长，导致顶紧力过大，因此车削过程中应使用切削液对工件进行冷却，以减少工件的发热。在加工长轴时，中途必须经常松开后顶尖，再重新顶上，以释放长轴因温度升高而产生的伸长量。另外，在不碰到刀架的前提下，尾座套筒的伸出长度应尽量短些。

（4）用心轴安装工件

在加工盘套类工件时，为了保证内孔与外圆、端面之间的位置精度，还可用心轴安装工件。用心轴安装工件时，先要对工件的内孔进行精加工，用内孔定位，把工件装在心轴上，再把心轴安装到车床上，对工件进行加工。

心轴的种类很多，常用的有锥度心轴和圆柱体心轴，如图 5-22 所示。锥度心轴的锥度一般为 1/2000～1/5000，工件压入心轴后靠摩擦力紧固。这种心轴装卸方便，对中准确，但不能承受较大的切削力，多用于盘套类零件的精加工。

工件装入圆柱体心轴后加上垫圈，再用螺母锁紧。它要求工件的两个端面应与孔的轴线垂直，以免螺母拧紧时心轴产生弯曲变形。这类心轴夹紧力较大，但对中准确度较差，多用

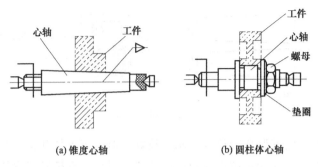

(a) 锥度心轴　　　　　(b) 圆柱体心轴

图 5-22　心轴的种类

于盘套类零件的粗加工、半精加工。

(5) 用花盘安装工件

在车床上加工大而扁、形状不规则的工件时，可用花盘安装。用花盘安装工件前，首先要用百分表检查盘面是否平整、是否与主轴轴线垂直，若不垂直，必须先精车花盘，方可安装工件，否则所车出的工件会有位置误差。

用花盘安装工件时，常用两种方法。图 5-23 中，工件平面紧靠花盘，可保证孔的轴线与安装面之间的垂直度；图 5-24 中，用弯板安装工件，可保证孔的轴线与安装面的平行度。

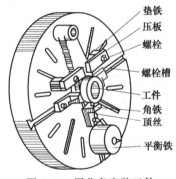

图 5-23　用花盘安装工件

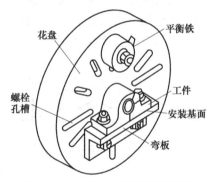

图 5-24　在花盘上用弯板安装工件

用花盘安装工件时，由于工件重心的偏置，所以应装上平衡铁予以平衡，减少加工时的振动。

(6) 中心架和跟刀架的应用

加工细长轴时，除了采用顶尖装夹工件外，还要使用中心架或跟刀架支承，以减少因工件刚性差而引起的加工误差。

① 中心架　主要用于加工阶梯轴以及长轴的端面车削、打中心孔及加工内孔等。如图 5-25 所示为用中心架车外圆和车端面，中心架固定在车床的导轨上，车削中不再移动。支承工件前，先在工件上车出一小段光滑圆柱面，然后调整中心架的三个支承爪与其均匀接触，起固定支承作用。

② 跟刀架　主要用于车削细长光轴和丝杠。如图 5-26 所示，跟刀架固定在大拖板上，并随大拖板一起移动。跟刀架有两个夹爪和三个夹爪两种。使用跟刀架时要先在工件上靠近后顶尖的一端车出一小段外圆，以它来支承跟刀架的支承爪，然后再车出工件的全长。

应用跟刀架和中心架时，工件被支承的部分应是加工过的外圆表面，并要加机油润滑。工件的转速不能过高，以免工件与支承爪之间摩擦过热而烧坏或使支承爪磨损。

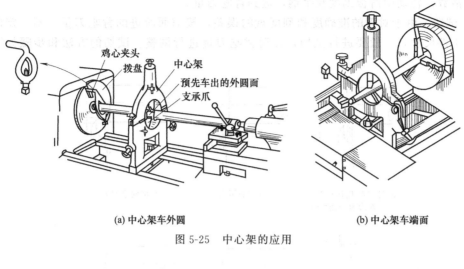

(a) 中心架车外圆　　　　　　　　　　(b) 中心架车端面

图 5-25　中心架的应用

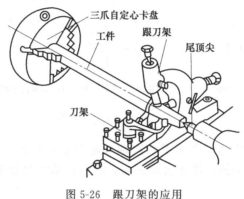

图 5-26　跟刀架的应用

5.5　基本车削工件

5.5.1　车外圆和车台阶

车外圆是车削加工中最基本的，也是最常见的。常见的外圆车刀及车外圆的方法如图 5-27 所示。尖刀主要用于粗车外圆和车没有台阶或台阶不大的外圆；弯头刀用于车外圆、端面、倒角和带 45°斜面的外圆；偏刀因主偏角为 90°，车外圆时的背向力很小，常用来车削长轴和带有垂直台阶的外圆。

(1) 车外圆的步骤

① 正确安装工件和车刀。

② 选择合理的切削用量，根据所选的转速和进给量调整好车床上手柄的位置。

③ 对刀并调整背吃刀量。对刀方法：开机使工件旋转，转动横向进给手柄，使车刀与工件表面轻微接触，即完成对刀。车刀以此位置为起点，计算应转

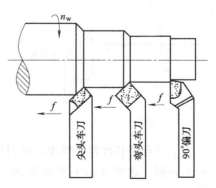

图 5-27　外圆车刀及车外圆的方法

的刻度格数，转动中滑板刻度盘手柄，进到背吃刀量。

④ 试切。由于对刀的准确度和刻度盘的误差，按前面所进的背吃刀量，不一定能车出准确的工件尺寸，一般要进行试切，并对背吃刀量进行调整。试切的方法和步骤如图 5-28 所示。

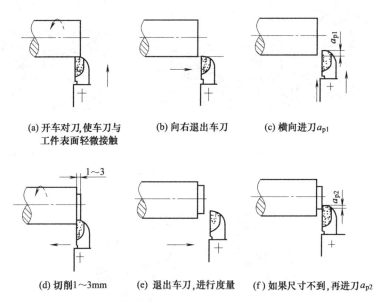

a_{p1}
1～3
a_{p2}
(a) 开车对刀,使车刀与工件表面轻微接触
(b) 向右退出车刀
(c) 横向进刀a_{p1}
(d) 切削1～3mm
(e) 退出车刀,进行度量
(f) 如果尺寸不到,再进刀a_{p2}

图 5-28 试切的方法和步骤

⑤ 试切好以后，记住刻度，作为下一次调背吃刀量的起点。纵向自动走刀车出全程。车到所需长度后，先扳动手柄，停止自动进给，然后转动中滑板刻度盘手柄退出车刀，再停车。

(2) 车台阶

车高度在 5mm 以下的台阶时，可在车外圆时同时车出，如图 5-29 所示。为使车刀的主切削刃垂直于工件的轴线，可在已车好的端面上对刀，使主切削刃与端面贴平。

车高度在 5mm 以上的台阶时，应分层进行车削，如图 5-30 所示。

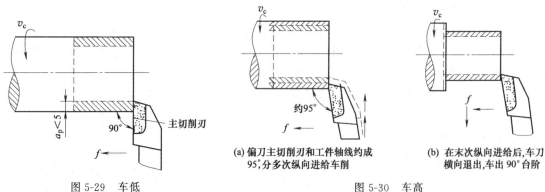

v_c
$a_p<5$
90°
主切削刃
f

图 5-29 车低

v_c
约95°
f
(a) 偏刀主切削刃和工件轴线约成95°,分多次纵向进给车削
v_c
f
(b) 在末次纵向进给后,车刀横向退出,车出 90° 台阶

图 5-30 车高

为了使台阶长度符合要求，可用钢尺确定台阶长度。车削时先用刀尖刻出线痕，以此作为加工界限，这种方法不是很准确，一般划线所定的长度应比所需的长度略短，以留有余地。

5.5.2 车端面

端面常作为轴和盘套类工件工作的基准，在加工中常先对工件的端面进行车削。常用弯头刀和 90°偏刀两种车刀车端面。

(1) 用弯头车刀车端面

如图 5-31（a）所示，车削时，由外向中心进给。当背吃刀量较大或加工余量不均匀时，一般用手动进给；当背吃刀量较小且加工余量均匀时，可用自动进给。用自动进给，当车到离工件中心较近时，应改用手动慢慢进给，以防车刀崩刃。

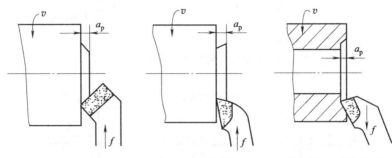

(a) 歪头刀车端面　　(b) 偏刀车端面(由外向中心)　(c) 偏刀车端面(由中心向外)

图 5-31　车端面

(2) 用 90°偏刀车端面

如图 5-31（b）、（c）所示，常从中心向外进给，通常用于端面的精加工，或有孔端面的车削，车削出的端面表面粗糙度较低。也可从外向中心进给，但用这种方法时，车削到靠近中心时，车刀容易崩刃。

车端面应注意以下几点：

① 车端面时，刀尖应对准工件中心，以免在端面留有凸台。

② 偏刀车端面，当背吃刀量较大时，容易扎刀。而且到工件中心时是将凸台一下子走掉的，因此也容易损坏刀尖。弯头刀车端面，凸台是逐渐走掉的，所以车端面用弯头刀较为有利。

③ 由于端面的直径从外圆到中心是由大逐渐变小，切削速度也随之由高到低地变化，所以，端面不易被车出较低的表面粗糙度值，因此车端面时转速应比车外圆的转速高一些。

④ 车直径较大的端面，若出现凹心或凸肚时，应检查车刀、方刀架以及大拖板是否松动。为使车刀准确地横向进给而无纵向松动，应将大拖板锁紧在床面上，此时可用小滑板调节背吃刀量。

5.5.3 切槽与切断

(1) 切槽

在工件表面切出沟槽的方法称为切槽。切槽所用的刀具是切槽刀，它如同右偏刀和左偏刀并在一起同时车左、右两个端面，如图 5-32 所示。切槽刀有一条主切削刃和两条副切削刃，安装时，刀尖与工件轴线等高，主切削刃与工件轴线平行。切槽刀的刀头宽度较小，对于小于 5mm 的槽可以用切槽刀一次切出；大于 5mm 的槽称为宽槽，可分多次切削，如图 5-33 所示。

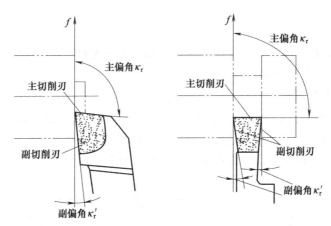

图 5-32　切槽刀与偏刀切削角度的对应关系

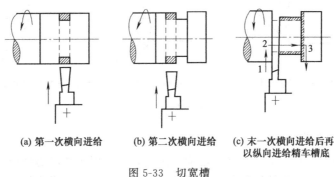

(a) 第一次横向进给　　　(b) 第二次横向进给　　　(c) 末一次横向进给后再
　　　　　　　　　　　　　　　　　　　　　　　　以纵向进给精车槽底

图 5-33　切宽槽

(2) 切断

切断要用切断刀。切断刀的形状与切槽刀相似，但刀头窄而长。由于切断时刀具要伸入到工件中心，排屑和散热条件很差，常将切断刀的刀头高度加大，将主切削刃两边磨出斜刃，以利于排屑和散热。

切断时应注意以下事项：

① 切断一般在卡盘上进行，如图 5-34 所示，工件的切断处应距卡盘近些。要避免在顶尖安装的工件上切断。

② 切断刀刀尖必须与工件中心等高，否则切断处将剩有凸台，且刀头也容易损坏，如图 5-35 所示。切断刀伸出刀架的长度不宜过长。

③ 要尽可能地减少主轴以及刀架滑动部分的间隙，以免工件和车刀振动，否则切削将

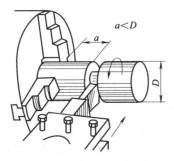

图 5-34　在卡盘上切断

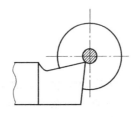 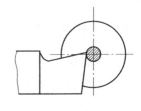

(a) 切断刀安装过低，　　　(b) 切断刀安装过高，刀具后
　刀头易被压断　　　　　　面顶住工件，无法切削

图 5-35　切断刀刀尖应与工件中心等高

难以进行。

④ 用手进给时一定要均匀，在即将切断时，必须放慢进给速度，以免刀头折断。

5.5.4 孔加工

(1) 钻孔

在车床上进行孔加工时，若工件上无孔，需要先用钻头钻出孔来。在车床上钻孔时，主运动仍为工件的旋转运动，进给运动是钻头的轴向移动。

常用的钻头有中心钻、麻花钻等。麻花钻又分为直柄和锥柄两种，直径小于 13mm 的钻头一般为直柄，直径大于 13mm 的钻头多为锥柄。钻孔时，钻头一般用钻夹头或锥套安装在尾座上。钻夹头可夹中心钻和直柄钻头，并具有自动定心作用，钻夹头尾部的锥柄可插入尾座的套筒中。锥柄钻头可先在锥柄上套上锥套，再插入尾座的套筒中。

① 钻中心孔　中心孔主要起用顶尖安装工件时的定位、钻孔时的定心引钻作用。

钻中心孔的操作步骤为：

a. 安装工件和中心钻。工件用卡箍安装，工件的伸出长度应适当短些。中心钻用装在尾座套筒上的钻夹头夹紧。

b. 调整尾座位置。移动尾座，使中心钻靠近工件的端面，再扳紧床尾快速紧固手柄，将尾架固定在车床导轨上。

c. 松开床尾顶尖套紧固手柄，转动床尾顶尖套移动手柄，使中心钻慢慢钻进。

d. 由于中心孔是用锥部起定心、定位作用的，所以钻中心孔时深度应恰当，不宜钻得过深或过浅。

② 钻孔与扩孔　在车床上钻孔如图 5-36 所示。钻孔操作步骤为：

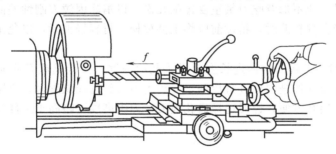

图 5-36　在车床上钻孔

a. 用卡盘安装好工件后，车出端面，端面不能有凸台。精度要求较高的孔，可先钻出中心孔来定心引钻。

b. 装好钻头，推近尾座并扳紧床尾快速紧固手柄，转动床尾顶尖套移动手柄进行钻削。无中心孔要直接钻的孔，当钻头接触工件开始钻孔时，用力要小，并要反复进退，直到钻出较完整的锥坑，且钻头抖动较小时，方可继续钻进，以免钻头引偏。钻较深的孔时，钻头要经常退出，以清除切屑。孔即将钻通时，要放慢进给速度，以防窜刀。钢料钻孔时一般要加切削液。

c. 直径较大（30mm 以上）的孔，不能用大钻头直接钻削，可先钻出小孔，再用大钻头扩孔。扩孔的精度比钻孔高，可作为孔的半精加工。扩孔操作与钻孔操作相似。

(2) 镗孔

镗孔是对锻出、铸出、钻出的孔用镗刀进行进一步加工的方法。镗后的孔粗糙度值较低，精度较高。

镗刀分通孔镗刀和不通孔镗刀，如图 5-37 所示。为了便于镗刀伸进工件的孔内，其刀杆一般较为细长，刀头较小，因此镗刀刚性较差。镗孔时，切削用量应选得小些，走刀次数要多些。

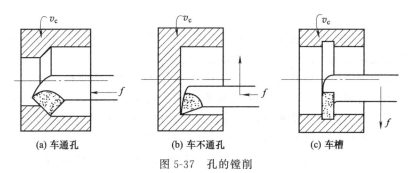

| (a) 车通孔 | (b) 车不通孔 | (c) 车槽 |

图 5-37　孔的镗削

镗不通孔的操作步骤如下。

① 选用如图 5-37（b）所示的不通孔镗刀。

② 镗刀的安装。粗镗刀的刀尖高度应略高于工件的轴线，精镗刀的刀尖高度与工件的轴线等高。镗刀伸出长度应比所要求加工的孔深略长，刀头处宽度应小于孔的半径。

③ 粗镗。先通过多次进刀，将孔底的锥形基本车平，然后对刀、试车、调整背吃刀量并记住刻度，再自动进给镗削出孔的圆柱面。每次车到孔深时，车刀先横向往孔的中心退出，再纵向退出孔外。应特别注意：镗孔时中滑板刻度盘手柄的切深调整方向，与车外圆时相反。

④ 精镗。精镗时，背吃刀量与进给量应取得更小些。当孔径接近所要求的尺寸时，应以很小的背吃刀量、或不加背吃刀量重复镗削几次，以消除因镗刀刚性差而让刀所引起的工件表面的锥度。当孔壁较薄时，精镗前应将工件放松，再轻轻夹紧，以免工件因夹得过紧而变形。

⑤ 镗不通孔时，若镗刀的伸进长度超过了孔的深度，会造成镗刀的损坏，可在刀杆上划线做记号，对镗刀的伸进深度进行控制，自动走刀快到划线位置时，改用手动进刀。

镗通孔比镗不通孔方便，镗刀选择通孔镗刀，刀尖高度可略高于工件轴线，操作方法与镗不通孔相似。

5.5.5　车锥面

在机械加工过程中，除了采用圆柱体和圆柱孔作为配合表面外，还广泛采用圆锥体和圆锥孔作为配合表面。如车床的主轴锥孔、顶尖、钻头和铰刀的锥柄等。这是由于圆锥面配合紧密、拆卸方便，且多次拆卸仍能保持精确的定心作用。

(1) 圆锥各部分名称、代号及计算公式

如图 5-38 所示为圆锥面的基本参数。其中，C 为锥度，α 为圆锥角（$\alpha/2$ 为圆锥半角），D 为大端直径，d 为小端直径，L 为圆锥的轴向长度。它们之间的关系为

$$C=\frac{D-d}{L}=2\tan\frac{\alpha}{2}$$

当 $\frac{\alpha}{2}<6°$ 时，$\frac{\alpha}{2}$ 可用下列近似公式进行计算

$$\frac{\alpha}{2}\approx28.7°\times\frac{D-d}{L}$$

(2) 车锥面的方法

车锥面的方法有小滑板转位法、尾座偏移法、靠模法和宽刀法。

① 小滑板转位法 如图 5-39 所示,根据零件的锥角 α,松开转盘紧固螺母,将小滑板扳转角 $\alpha/2$,然后把螺母固紧,即可加工。这种方法不但操作简单,能保证一定的加工精度,而且还能车内锥面和锥角很大的锥面,因此应用较广。但由于受小滑板行程的限制,并且不能自动走刀,劳动强度较大,表面粗糙度 Ra 值为 $6.3\sim3.2\mu m$,所以只适宜加工单件小批生产中精度较低和长度较短的圆锥面。

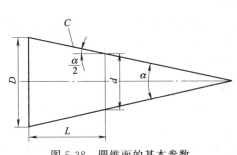

图 5-38 圆锥面的基本参数

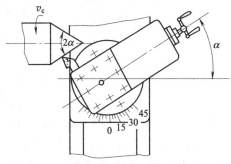

图 5-39 小滑板转位法车锥面

② 尾座偏移法 如图 5-40 所示,工件安装在前后顶尖之间。将尾座体相对底座在横向向前或向后偏移一定距离 S,使工件回转轴线与车床主轴轴线的夹角等于圆锥半角 $\alpha/2$,当刀架自动(也可手动)进给时即可车出所需的锥面,表面粗糙度 Ra 值可达 $6.3\sim1.6\mu m$。尾座偏移法只适宜加工在顶尖上安装的较长的、圆锥半角 $\alpha/2<8°$ 的外锥面。

③ 靠模法 如图 5-41 所示,靠模装置固定在床身后面。靠模板可绕中心轴相对底座扳转一定角度($\alpha/2$),滑块在靠模板导轨上可自由滑动,并通过连接板与中滑板相连。将刀架中滑板螺母与横向丝杠脱开,当大拖板自动(也可手动)纵向进给时,滑块在靠模板中沿斜面移动,带动车刀做平行于靠模板的斜面移动,即可车出圆锥半角为 $\alpha/2$ 的锥面,表面粗糙度 Ra 值为 $6.3\sim1.6\mu m$。靠模法适宜加工成批和大量生产中长度较长、圆锥半角 $\alpha/2<12°$ 的内外锥面。

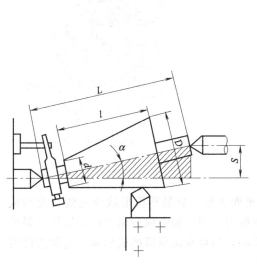

图 5-40 尾座偏移法车锥面

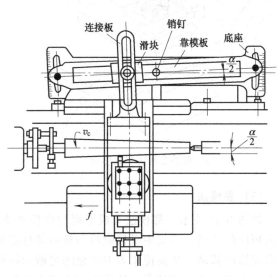

图 5-41 靠模法车锥面

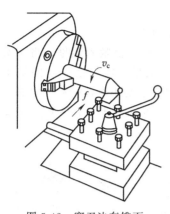

图 5-42 宽刀法车锥面

④ 宽刀法 如图 5-42 所示，宽刀刀刃必须平直，与工件轴线夹角等于圆锥半角 $\alpha/2$，横向进刀即可车出所需的锥面。这种方法加工简便、效率高，但只适宜加工较短的锥面，并要求工艺系统刚性较好，车床的转速应选择得较低，否则容易引起振动。也可先把外圆车成阶梯状，去除大部分余量，然后再用宽刀法加工，这样既省力又可减少振动。

5.5.6 车成形面

以曲线为母线，绕直线旋转所形成的表面叫回转成形面。回转成形面（如手柄、圆球等）一般均在车床上加工。车成形面的方法有下列三种。

(1) 双手控制法

如图 5-43 所示，车成形面一般使用圆头车刀，双手同时操作横向和纵向进给手柄，使刀尖所走的轨迹与工件母线相符，从而加工出所需的成形面。这种方法不需要特殊的刀具和装备，简单易行，但生产率低，并需要较高的操作技术，故适于单件、小批、生产要求不高的零件。

(2) 成形刀法

如图 5-44 所示，成形刀法是用刀刃形状与工件表面形状相吻合的成形刀车成形面。加工时，车刀只做横向进给。这种方法操作简便，生产率高，但由于成形刀刃不能太宽、刀刃曲线不可能磨得很精确，以及刀具制造成本较高等原因，所以这种方法只适用于成批、大量生产形状简单、轴向尺寸较小的成形面。

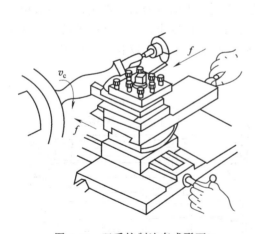

图 5-43 双手控制法车成形面

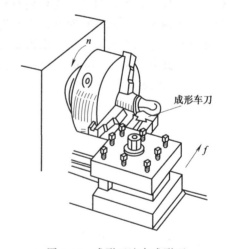

图 5-44 成形刀法车成形面

(3) 靠模法

如图 5-45 所示，靠模法车成形面与靠模法车锥面类似，只是靠模形状由直线变为与成形面相应的曲线。刀架中滑板螺母与横向丝杠必须脱开。当大拖板纵向走刀时，滚柱在靠模的曲线槽内移动，从而使车刀刀尖也随之做曲线移动，即可车出所需的成形面。这种方法可以自动走刀，生产率较高，适用于成批或大量生产。

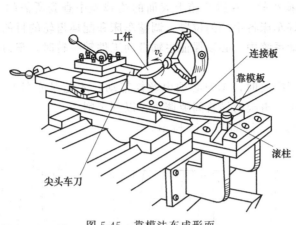

图 5-45　靠模法车成形面

5.5.7　车螺纹

(1) 普通螺纹的三要素

普通米制三角螺纹简称普通螺纹，其基本牙型如图 5-46 所示。决定螺纹形状尺寸的牙型、中径 d_2（D_2）和螺距 P 三个基本要素称为螺纹三要素。

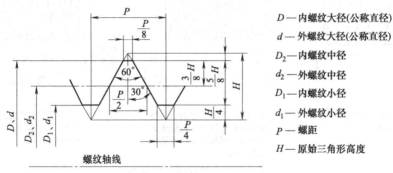

D——内螺纹大径(公称直径)

d——外螺纹大径(公称直径)

D_2——内螺纹中径

d_2——外螺纹中径

D_1——内螺纹小径

d_1——外螺纹小径

P——螺距

H——原始三角形高度

图 5-46　普通螺纹的基本牙型

(2) 车削螺纹

车螺纹时，要通过车削来保证螺纹的牙型、螺距和螺纹中径。在车削时，牙型靠刃磨车刀和安装车刀来保证，螺距用车床的传动来保证，中径由背吃刀量来控制。下面以车削外螺纹为例，来介绍螺纹的车削方法。

① 车削步骤。

a. 车出外圆，外圆尺寸控制在螺纹大径的下偏差。

b. 刃磨螺纹车刀，使螺纹车刀的刀尖角等于螺纹的牙型角。为了刃磨方便，一般前角取 0°，对着螺纹旋向的那个后角可略磨大一些。

c. 车螺纹时，必须正确安装车刀，以保证螺纹精度。安装时刀尖高度要与工件的轴线等高，并使两切削刃的角平分线与工件的轴线相垂直。可采用对刀样板来调整螺纹车刀的安装位置，如图 5-47 所示。

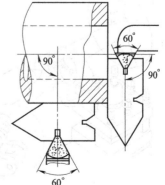

图 5-47　螺纹车刀的对刀样板

    d. 调整车床和配换齿轮。在进给箱上表面的铭牌表中查到所需的螺距，根据表中的要求配换齿轮，并调整好车床各手柄的位置。调整车床和配换齿轮的目的是保证工件与车刀的正确运动关系。在传动系统中，必须保证主轴带动工件转一转时，车刀纵向移动的距离正好是所需要的工件螺距。

    应特别指出，车削螺纹时，车刀必须由丝杠带动，才能保证车刀与工件的正确运动关系。车螺纹前还应把中小滑板的导轨间隙调小，以利车削。

    e. 车螺纹的具体操作方法如图 5-48 所示。

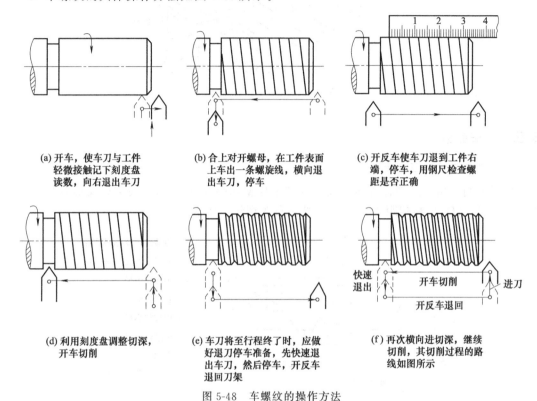

(a) 开车，使车刀与工件轻微接触记下刻度盘读数，向右退出车刀

(b) 合上对开螺母，在工件表面上车出一条螺旋线，横向退出车刀，停车

(c) 开反车使车刀退到工件右端，停车，用钢尺检查螺距是否正确

(d) 利用刻度盘调整切深，开车切削

(e) 车刀将至行程终了时，应做好退刀停车准备，先快速退出车刀，然后停车，开反车退回刀架

(f) 再次横向进切深，继续切削，其切削过程的路线如图所示

图 5-48　车螺纹的操作方法

② 操作中的注意事项。

a. 车削螺纹时，车刀移动速度很快，操作时注意力要非常集中，车削时应两手不离手柄，特别是车削到行程终了时的退刀停车动作一定要迅速，否则易撞刀。操作时，左手操作正反转手柄，右手操作中滑板刻度手柄。停车退刀时，右手先快速退刀，紧接着左手迅速停车，两个动作几乎同时完成。

b. 车削螺纹过程中，对开螺母合上后，不可随意打开，否则每次车削时，车刀难以切回已切出的螺纹槽内，会出现乱扣现象。换刀时，可转动小滑板的刻度盘手柄，把车刀对回已经切出的螺纹槽内，以防乱扣。

c. 背吃刀量的控制。螺纹的总切深由螺纹高度决定，可根据中滑板上的刻度，初步车到接近螺纹的总切深，再用螺纹量规检验，或用螺纹千分尺测量螺纹

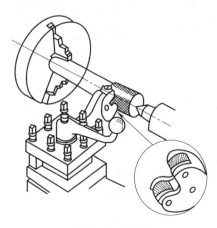

图 5-49　滚花

的中径，再进一步车削到要求的尺寸。

车床上用特制的滚花刀挤压工件表面，使其产生塑性变形而产生花纹。

滚花花纹有直纹和网纹两种，并有粗纹及细纹之分。滚花刀可以做成单轮、双轮及六轮的。单轮滚花刀通常是直纹的，主要用于滚切直纹。双轮和六轮的滚花刀常做成旋向相反的斜纹，用以滚切网纹，如图 5-49 所示。由于滚花时径向挤压力较大，工件和刀具一定要装夹牢固，必要时可用后顶尖顶住工件，由于是挤压成形，滚花时工件转速要低，滚花前道工序的直径应小于要求的滚花直径 0.15～0.8mm。

5.6 典型零件车削工艺

零件根据其技术要求的高低和结构的复杂程度，一般都要经过一个或几个工种的许多工序才能完成加工。回转体零件的加工常需经过车、铣、钳、热处理和磨等工种，但车削是必需的先行工序。以下将重点介绍盘套类和轴类零件的车削工艺。

5.6.1 制定零件加工工艺的内容、步骤和原则

一个零件根据其技术要求如何而制定合理的零件加工工艺，是保证零件的质量、提高生产率、降低成本、保障加工过程安全可靠等的主要依据。因此，制定加工工艺之前，必须认真分析图纸的技术要求。

(1) 制定零件加工工艺的内容和步骤

制定工艺的具体工作内容和步骤如下。

① 确定毛坯的种类。应根据零件的技术要求、形状和尺寸等来确定零件毛坯的材料。

② 确定零件的加工顺序。零件的加工顺序应根据其精度、粗糙度和热处理等技术要求，以及毛坯的种类、结构和尺寸来确定。

③ 确定每一道工序所用的机床、工件装夹方法、加工方法、度量方法以及加工尺寸（包括为下一道工序所留的加工余量）。

工序余量：半精车约为 0.8～1.5mm；高速精车约为 0.4～0.5mm；低速精车约为 0.1～0.3mm。。

④ 确定所用切削用量和工时定额。单件小批生产的切削用量一般由生产工人自行选定，工时定额按经验估计。

⑤ 填写工艺卡片。以简要说明和工艺简图表明上述内容。

(2) 制定零件加工工艺的基本原则

制定加工工艺的基本原则如下。

① 精基面先行原则　零件加工必须选择合适的表面作为在机床或夹具上的定位基准。第一道工序定位基面的毛坯面，称为粗基面；经过加工的表面作为定位基面，称为精基面。主要的精基面一般要先行加工。例如，轴类零件的车削和磨削，均以中心孔的 60°锥面为定位精基面，因此加工时应先车端面、钻中心孔。

② 粗精分开原则　对于精度较高的表面，一般应在工件全部精加工之后再进行精加工。这样，可以消除工件在粗加工时因夹紧力、切削热和内部应力所引起的变形，也有利于热处理的安排。在大批量生产中，粗精加工往往不在同一机床加工，因此，也有利于高精度机床的合理使用。

③ "一刀活"原则　在单件小批生产中，有位置精度要求的有关表面，应尽可能在一次

装夹中进行精加工（俗称"一刀活"）。

轴类零件是用中心孔定位的。在多次装夹或调头所加工的表面，其旋转中心线始终是两中心孔的连线，因此，能保证有关表面之间的位置精度。

5.6.2 盘套类零件的加工工艺

如图 5-50 所示为某零件齿轮坯的图样。盘套类零件主要由外圆、孔和端面组成，除表面粗糙度和尺寸精度外，往往外圆相对孔的轴线有径向圆跳动（或同轴度）公差，端面相对孔的轴线有端面圆跳动公差。盘套类零件有关表面的粗糙度值如果不小于 $3.2\sim1.6\mu m$，尺寸公差等级不高于 IT7，一般均用车削完成，其中保证径向圆跳动是车削的关键。因此，单件小批量生产的盘套类零件加工工艺必须体现粗精分开的原则和"一刀活"原则。如果在一次装夹中不能完成有位置精度要求的表面，一般是先精加工孔，以孔定位上心轴再精车外圆或端面。齿轮坯加工工艺如表 5-1 所示。

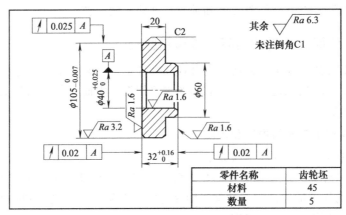

图 5-50　齿轮坯零件图样

表 5-1　齿轮坯加工工艺

工序	工种	装夹方法	加工简图	加工内容
1	下料			圆钢下料 $\phi110mm\times36mm$
2	车削	三爪自定心卡盘		卡 $\phi110mm$ 外圆，长 20mm，车端面见平；车外圆 $\phi63mm\times10mm$
3	车削	三爪自定心卡盘		卡 $\phi63mm$ 外圆 粗车端面见平，车外圆至 $\phi107mm$ 钻孔 $\phi36mm$ 粗精车孔 $\phi40^{+0.25}_{0}mm$ 至尺寸 精车端面，保证总长 33mm 精车外圆 $\phi65^{0}_{-0.07}mm$ 至尺寸 倒内角 C1；倒外角 C2
4	车削	三爪自定心卡盘		卡 $\phi65mm$ 外圆，找正 精车台阶面保证长度 20mm 车小端面，保证总长 $32.3^{+0.2}_{0}mm$ 精车外圆 $\phi60mm$ 至尺寸 倒小内角、外角 C1 倒大外角 C2

续表

工序	工种	装夹方法	加工简图	加 工 内 容
5	车削	顶尖、卡箍、心轴		精车小端面,保证总长 $32^{+0.16}_{0}$ mm
6	检验			

5.6.3　轴类零件的加工工艺

如图 5-51 所示为传动轴的零件图样。轴类零件主要由外圆、螺纹和台阶面组成。除表面粗糙度和尺寸外,某些外圆和螺纹相对两支承轴颈的公共轴线有径向圆跳动和同轴度公差,某些台阶面相对公共轴线有端面圆跳动公差。轴类零件上有位置精度要求的、表面粗糙度 $Ra \leqslant 1.6 \mu m$ 的外圆和台阶面,一般在半精车后进行磨削,这与盘套类零件是不同的。

轴类零件的车削在顶尖上进行。轴加工时应体现精基面先行原则和粗精分开原则。传动轴的加工工艺如表 5-2 所示。

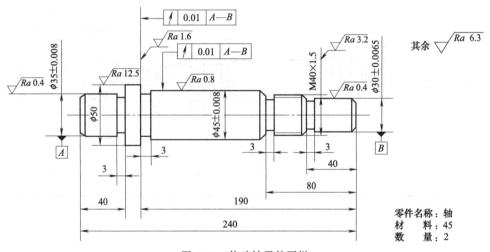

图 5-51　传动轴零件图样

表 5-2　传动轴加工工艺

工序	工种	装夹方法	加 工 简 图	加 工 内 容
1	下料			下料 ϕ55mm×245mm
2	车削	三爪自定心卡盘		夹持 ϕ55mm 圆钢外圆车端面见平钻 ϕ2.5mm 中心孔调头车端面,保总长 240mm钻中心孔

工序	工种	装夹方法	加工简图	加工内容
3	车削	双顶尖	$\phi42$ $\phi32$ 39 79 189 202 A	用卡箍卡 A 端,粗车外圆 $\phi52mm \times 202mm$ 粗车 $\phi45mm$、$\phi40mm$、$\phi30mm$ 各外圆,直径余量 2mm,长度余量 1mm
4	车削	双顶尖	40 B	用卡箍卡 B 端,粗车 $\phi35mm$ 外圆,直径余量 2mm,长度余量 1mm 粗车 $\phi50mm$ 外圆至尺寸 半精车 $\phi35mm$ 外圆至 $\phi35.5mm$ 切槽,保证长度 40mm 倒角
5	车削	双顶尖	190 80 40	用卡箍卡 A 端 半精车 $\phi45mm$ 外圆至 $\phi45.5mm$ 精车 M40 大径为 $\phi40^{-0.1}_{-0.2}mm$ 半精车 $\phi30mm$ 外圆至 $\phi30.5mm$ 切槽三个,分别保证长度 190mm、80mm 和 40mm 倒角三个 车螺纹 M40×1.5
6	检验			

第6章
铣削加工

6.1 概述

　　铣削是金属切削加工中常用方法之一。铣削主要用于加工各种平面（如水平面、垂直面和斜面等）、沟槽（如直角沟槽、键槽、V形槽、T形槽和燕尾槽等）、齿轮（如直齿轮、斜齿轮、圆锥齿轮等）、切断、特形面和螺旋槽，还可以进行钻孔、镗孔加工。铣床的加工范围很广，如图6-1所示是其常用的加工内容。

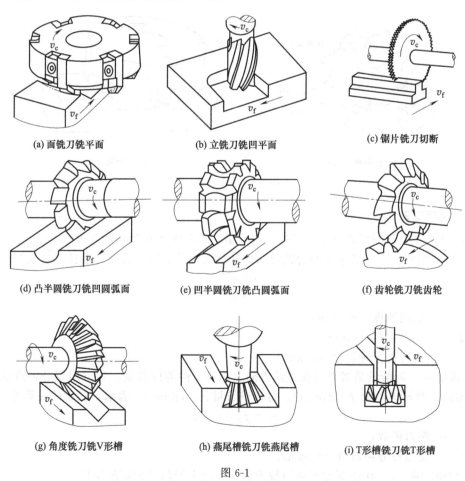

(a) 面铣刀铣平面　　　　　　　(b) 立铣刀铣凹平面　　　　　　(c) 锯片铣刀切断

(d) 凸半圆铣刀铣凹圆弧面　　　(e) 凹半圆铣刀铣凸圆弧面　　　(f) 齿轮铣刀铣齿轮

(g) 角度铣刀铣V形槽　　　　(h) 燕尾槽铣刀铣燕尾槽　　　(i) T形槽铣刀铣T形槽

图 6-1

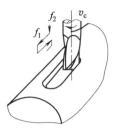

(j) 键槽铣刀铣键槽

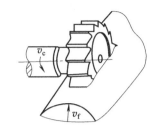

(k) 半圆键槽铣刀铣半圆键槽

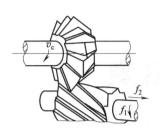

(l) 角度铣刀铣螺旋槽

图 6-1　铣削加工举例

铣刀是一种回转的多齿刀具，铣削时铣刀的每个刀齿不像车刀或钻头那样连续进行切削，而是间歇地进行切削的，因而刀刃的散热条件好，切速可高些。铣削时经常是多齿同时进行切削，因此铣削的生产率高。此外，由于铣刀刀齿不断切入、切出，铣削力不断变化，故铣削容易产生振动，影响加工精度。

铣削加工的尺寸精度一般为 IT9～IT7，表面粗糙度 Ra 为 6.3～1.6 μm。

(1) 铣削运动

铣削运动分为主运动和进给运动。主运动是指铣刀的旋转运动，进给运动是指工件的直线移动，如图 6-2 所示。

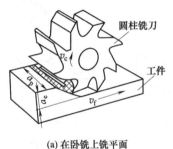

(a) 在卧铣上铣平面

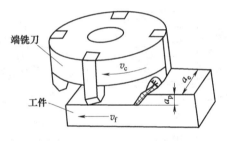

(b) 在立铣上铣平面

图 6-2　铣削运动

(2) 铣削要素

铣削时，主要铣削要素有铣削速度、进给量、铣削深度和侧切削深度。

① 铣削速度 v_c　铣削速度即为铣刀切削处最大直径点的线速度。其计算公式为

$$v_c = \frac{\pi d_t n_t}{1000} \text{m/min}$$

式中　v_c——铣削速度（m/min）；

　　　d_t——铣刀直径（mm）；

　　　n_t——铣刀每分钟转速（r/min）。

② 进给量　进给量是指刀具在进给方向上相对工件的位移量。它可用每分钟进给量 v_f（mm/min）、每转进给量 f（mm/r）、每齿进给量 a_f（mm/z）表示，三者的关系为

$$v_f = f_n = a_f z n$$

式中　z——铣刀齿数；

　　　n——铣刀每分钟转数（r/min）。

③ 切削深度 a_p　切削深度是指沿铣刀轴线方向上所测量的切削层尺寸。

④ 侧切削深度 a_e　侧切削深度是指垂直于铣刀轴线方向上测量的切削层金属。

6.2　铣床

铣床的种类很多，常用的有卧式铣床、立式铣床和龙门铣床。

6.2.1　卧式铣床

卧式铣床简称卧铣，是铣床中应用最多的一种。其主要特征是主轴水平放置，并与工作台面平行。卧式铣床又分为普通铣床和万能铣床。工作台能偏转一定角度的铣床是万能铣床。如图 6-3 所示的是万能卧式铣床 X6125 的外形图。

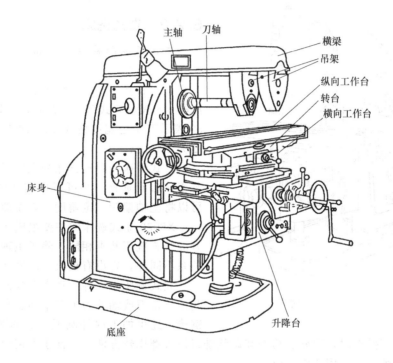

图 6-3　万能卧式铣床 X6125 的外形图

(1) X6125 卧式铣床的组成及功用

X6125 卧式万能升降台铣床主要由床身、主轴、横梁、纵向工作台、转台、横向工作台、升降台等部分组成。

① 床身　床身用来固定和支撑铣床上所有的部件，内部装有主电动机、主轴变速机构和主轴等，上部有横梁，下部与底座相连，前部垂直导轨装有升降台等部件。

② 横梁　横梁前端装有吊架，用以支撑刀杆。横梁可沿床身的水平导轨移动，其伸出长度由刀杆的长度决定。

③ 主轴　主轴是一根空心轴，前端有 7∶24 的精密锥孔，用以安装铣刀刀杆并带动铣刀旋转。

④ 纵向工作台　纵向工作台由纵向丝杠带动，在转台的导轨上做纵向移动，从而带动台面上的工件做纵向进给。

⑤ 横向工作台　横向工作台位于升降台上面的水平导轨上，可带动纵向工作台一起做横向进给。

⑥ 转台　转台可将纵向工作台在水平面内旋转一定角度（左右方向最大均能转过0～45°），以便铣削螺旋槽等。有无转台，是万能卧铣和普通卧铣的主要区别。

⑦ 升降台　升降台可以带动整个工作台沿床身的垂直导轨上下移动，从而调整工件与铣刀的距离，实现垂直进给。

⑧ 底座　底座用以支撑床身和升降台，内盛切削液。

(2) X6125 卧式铣床的型号

X 表示铣床类；6 表示卧式铣床；1 表示万能升降台铣床；25 表示工作台宽度的 1/10，即表示工作台宽度为 250mm。

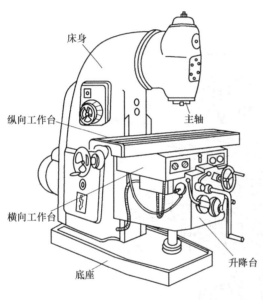

图 6-4　X5030 立式铣床

6.2.2　立式铣床

立式铣床简称立铣，如图 6-4 所示的是 X5030 立式铣床。

立式铣床 X5030 型号的意义：X 表示铣床类；5 表示立式床；0 表示立式升降台铣床；30 表示工作台宽度的 1/10，即表示工作台宽度为 300mm。

立式铣床和卧式铣床的主要区别是：主轴与工作台面垂直；并可根据实际加工的需要，可以将主轴偏转一定角度，以便加工斜面等。

X5030 立式铣床的主要组成部分与 X6125 万能卧式铣床基本相同，除了主轴与工作台面关系不同外，它没有横梁、吊架和转台。

立式铣床是一种生产率较高的机床，可以利用立铣刀或端铣刀加工平面、台阶、斜面和键槽，还可加工内外圆弧、T 形槽及凸轮等。

另外，立式铣床操作时，观察、检查和调整铣刀位置都比较方便，又便于安装硬质合金端铣刀进行高速铣削，故应用非常广泛。

6.2.3　龙门铣床

龙门铣床主要用来加工大型或较重的工件，龙门铣床可以同时用几个铣头对工件的几个表面进行加工，故生产率高，适合成批大量生产。

6.3　铣刀

铣刀的种类很多，应用范围相当广泛。铣刀的分类方法也很多，这里仅根据铣刀的安装方法不同将其分为两大类：带孔铣刀和带柄铣刀。

6.3.1　带孔铣刀

(1) 带孔铣刀的分类

带孔铣刀多用于卧式铣床，常用的带孔铣刀有圆柱铣刀、圆盘铣刀、角度铣刀和成形铣刀等。

① 圆柱铣刀　如图 6-5（a）所示的是圆柱铣刀，主要是利用圆柱表面的刀刃铣削中小平面。

② 圆盘铣刀　如图 6-5（b）所示的是三面刃圆盘铣刀，主要用于加工不同宽度的沟槽及小平面、台阶面等；如图 6-5（c）所示的是锯片铣刀，用于切断或分割工件。

③ 角度铣刀　如图 6-5（e）所示的是角度铣刀，具有不同的角度，可用于加工各种角度的沟槽和斜面。

④ 成形铣刀　如图 6-5（d）、图 6-5（f）、图 6-5（g）和图 6-5（h）所示的是成形铣刀，用来加工有特殊外形的表面。其刀刃呈凸圆弧、凹圆弧和齿槽形等形状，可用于加工与刀刃形状相同的成形面。

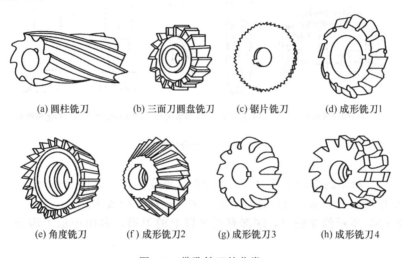

| (a) 圆柱铣刀 | (b) 三面刃圆盘铣刀 | (c) 锯片铣刀 | (d) 成形铣刀1 |

| (e) 角度铣刀 | (f) 成形铣刀2 | (g) 成形铣刀3 | (h) 成形铣刀4 |

图 6-5　带孔铣刀的分类

（2）带孔铣刀的安装

带孔铣刀中的圆柱、圆盘、角度及成形铣刀，多用长刀杆安装。如图 6-6 所示，将刀具装在刀杆上，刀杆的一端为锥体，装入铣床前端的主轴锥孔中，并用螺纹拉杆穿过主轴内孔拉紧刀杆，使之与主轴锥孔紧密配合；刀杆的另一端装入铣床的吊架孔中。主轴的动力通过锥面和前端的键传递，带动刀杆旋转。长刀杆安装时，铣刀应尽可能地靠近主轴或吊架，使铣刀有足够的刚度；套筒与铣刀的端面必须擦干净，以减少铣刀的端面跳动；在拧紧刀杆的压紧螺母前，必须先装上吊架，以防刀杆受力变弯。

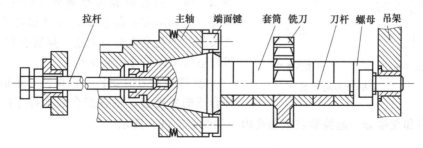

图 6-6　带孔铣刀的安装

带孔铣刀中的端铣刀，常用短刀杆安装。将端铣刀直接装在短刀杆前端的短圆柱轴上并用螺钉拧紧，再将短刀杆装入铣床的主轴孔中，并用螺纹拉杆将短刀杆拉紧。

6.3.2 带柄铣刀

(1) 带柄铣刀的分类

带柄铣刀多用于立式铣床。带柄铣刀又分为直柄铣刀和锥柄铣刀。常用的带柄铣刀有立铣刀、键槽铣刀、T形槽铣刀和镶齿端铣刀等，如图 6-7 所示。

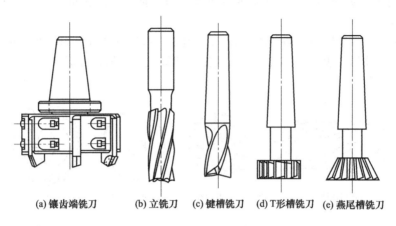

(a) 镶齿端铣刀　(b) 立铣刀　(c) 键槽铣刀　(d) T形槽铣刀　(e) 燕尾槽铣刀

图 6-7　常用带柄铣刀

如图 6-7 (a) 所示的镶齿端铣刀，适用于卧式或立式铣床上加工平面。一般在刀盘上装有硬质合金刀片，加工平面时可以进行高速铣削，提高生产效率。

如图 6-7 (b) 所示的立铣刀，端部有三个以上的刀刃，多用于加工沟槽、小平面和台阶面等。

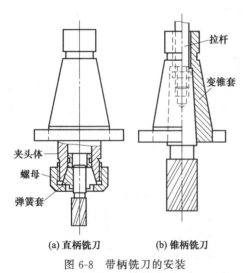

(a) 直柄铣刀　(b) 锥柄铣刀

图 6-8　带柄铣刀的安装

如图 6-7 (c) 所示的键槽铣刀，端部只有两个刀刃，专门用于加工轴上封闭式键槽。

如图 6-7 (d) 所示的 T 形槽铣刀和如图 6-7 (e) 所示的燕尾槽铣刀专门用于加工 T 形槽和燕尾槽。

(2) 带柄铣刀的安装

① 直柄铣刀的安装　直柄铣刀的直柄一般不大于 20mm，多用弹簧夹头安装。如图 6-8 (a) 所示，铣刀的直柄插入弹簧夹头的光滑圆孔中，用螺母压弹簧夹头的端面，弹簧套的外锥挤紧在夹头体的锥孔中将铣刀夹住。弹簧套有多种孔径，可以适应不同尺寸的直柄铣刀。

② 锥柄铣刀的安装　根据铣刀锥柄尺寸，选择合适的变锥套，将各配合表面擦干净，然后用拉杆将铣刀和变锥套一起拉紧在主轴孔内。如图 6-8 (b) 所示

6.4　铣床附件及工件安装

铣床附件主要有万能铣头、平口钳、回转工作台和分度头等。

(1) 万能铣头

万能铣头安装在卧式铣床上，其主轴可以扳转成任意角度，能完成各种立铣的工作。万能铣头的外形如图 6-9 所示。其底座用 4 个螺栓固定在铣床的垂直导轨上。铣床主轴的运动通过铣头内的两对锥齿轮传到铣头主轴上。铣头的大本体可绕铣床主轴轴线偏转任意角度装有铣头主轴的小本体还能在大本体上偏转任意角度，因此，万能铣头的主轴可在空间偏转成所需任意角度。

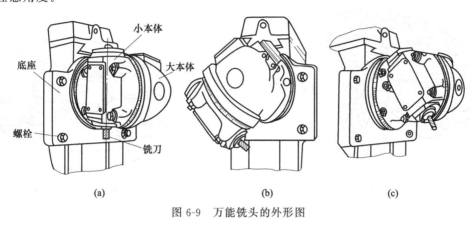

图 6-9　万能铣头的外形图

(2) 平口钳

平口钳如图 6-10 所示，主要用来安装小型的较规则的零件，如板块类零件、盘套类零件、轴类零件和小型支架等。使用时先把平口钳钳口找正并固定在工作台上，然后再安装工件。

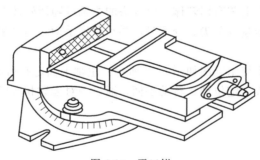

图 6-10　平口钳

用平口钳安装工件应注意下列事项：

① 工件的被加工面应高出钳口，必要时可用垫铁垫高工件。

② 为防止铣削时工件松动，需将比较平整的表面紧贴固定钳口和垫铁。工件与垫铁间不应有间隙，故需一面夹紧，一面用手锤轻击工件上部。对于已加工表面应用铜棒进行敲击。

③ 为保护钳口和工件已加工表面，往往在钳口与工件之间垫以软金属片。

(3) 回转工作台

回转工作台又称圆形工作台、转盘和平分盘等，其外形如图 6-11 所示。回转工作台主要用来分度及铣削带圆弧曲线的外表面和圆弧沟槽的工件。

回转工作台内部有一对蜗轮蜗杆，摇动手轮，通过蜗杆轴就能直接带动与转台相连接的蜗轮转动。转台周围有 0～360° 的刻度，用于观察和确定转台位置。转台中央有一基准孔，利用它可以方便地确定工件的回转中心。当转台底座上的槽和铣床工作台上的 T 形槽对齐后，即可用螺栓把回转工作台固定在铣床工作台上。

铣圆弧槽时，如图 6-12 所示，工件用平口钳或三爪自定心卡盘安装在回转工作台上，铣刀旋转，用手动或机动均匀缓慢地转动回转工作台带动工件进行圆周进给，即可在工件上铣出圆弧槽。

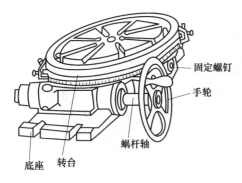

固定螺钉

手轮

蜗杆轴

底座　转台

图 6-11　回转工作台

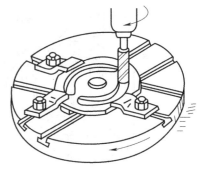

图 6-12　铣圆弧槽

(4) 分度头

在铣削加工中，经常会遇到铣四方、六方、齿轮、花键和刻线等工作。这时，工件每铣过一个面或一个槽后，需要转过一定角度再铣第二个面或槽，这种工作叫作分度。分度头是分度用的附件，可对工件在水平、垂直和倾斜位置进行分度。其中最常见的是万能分度头。

① 万能分度头结构　万能分度头由底座、回转体、主轴和分度盘等组成，如图 6-13 所示。在万能分度头的底座上装有回转体，分度头的主轴可随回转体在垂直平面内扳转，主轴前端常装有三爪自定心卡盘或顶尖。分度时，摇动分度手柄，通过蜗轮蜗杆带动分度头主轴旋转进行分度。

万能分度头的传动系统示意图如图 6-14 所示。主轴上固定有齿数为 40 的蜗轮，它与单头蜗杆啮合。工作时，拔出定位销，转动手柄，通过一对齿数相等的齿轮，蜗杆便可带动蜗轮及主轴旋转。

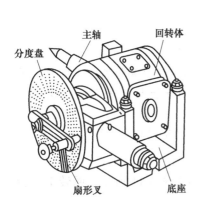

分度盘　主轴　回转体

扇形叉　底座

图 6-13　万能分度头

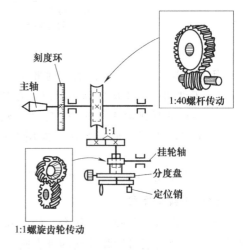

刻度环

主轴

1:40螺杆传动

1:1

挂轮轴

分度盘

定位销

1:1螺旋齿轮传动

图 6-14　万能分度头的传动系统示意图

手柄每转一周，主轴只转 1/40 周。如果工件圆周需分成 z 等分，则每一等分就要求主轴转 $1/z$ 周。因此，每次分度时，手柄应转过的周数 n 与工件等分数 z 之间的对应关系为

$$1 : 40 = 1/z : n$$

即

$$n = 40/z$$

式中　n——手柄转数；

　　　z——工件等分数；

　　40——分度头定数。

② 简单分度法　使用分度头进行分度的方法很多，有直接分度法、简单分度法、角度分度法和差动分度等。这里仅介绍简单分度法。

公式 $n = 40/z$ 所表示的方法即为简单分度法。下面举例说明。

例如，铣齿数 $z = 36$ 的齿轮，每次分齿时手柄转数为：$n = 40/z = 40/36 = 1$。

也就是说，每分一齿，手柄需转过一整圈再多摇过 1/9 圈。这 1/9 圈（非整数圈）一般通过分度盘（图）来控制。国产分度头一般备有两块分度盘，第一块分度盘正面各圈孔数依次为 24、25、28、30、34、37，反面依次为 38、39、41、42、43；第二块分度盘正面各圈孔数依次为 46、47、49、51、53、54，反面依次为 57、58、59、62、66。

简单分度法需先将分度盘固定，再将分度手柄上的定位销调整到孔数为 9 的整数倍的孔圈上（例如，可调整到孔数为 54 的孔圈上），这时，手柄转过一圈后再沿孔数为 54 的孔圈转过 6 个孔距，即 $n = 1/9$，边达到了铣削 $z = 36$ 齿轮的分度要求。

(5) 工件的安装

铣床常用的工件安装方法如图 6-15 所示，有平口钳安装、压板螺栓安装、V 形铁安装和分度头安装等。分度头多用于安装有分度要求的工件。它既可同时使用分度头卡盘（或顶尖）与尾座顶尖安装轴类零件，也可只使用分度头卡盘安装工件。由于分度头的主轴可以在垂直平面内扳转，因此，可以利用分度头把工件安装成水平、垂直及倾斜位置。

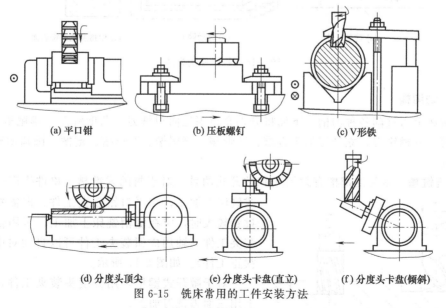

(a) 平口钳　　　　　　(b) 压板螺钉　　　　　　(c) V形铁

(d) 分度头顶尖　　　(e) 分度头卡盘(直立)　　　(f) 分度头卡盘(倾斜)

图 6-15　铣床常用的工件安装方法

当零件的生产批量较大时，可采用专用夹具或组合夹具安装工件。这样既能提高生产效率，又能保证产品质量。

6.5 铣削方法

常用的铣削加工有铣平面、铣斜面、铣沟槽、铣分度件等。

(1) 铣平面

铣平面可在卧铣或立铣上进行，所用刀具有镶齿端铣刀、圆柱铣刀、套式立铣刀、三面刃铣刀和立铣刀等。

(2) 铣斜面

工件上具有斜面的结构很常见，常用的斜面铣削方法有以下三种。

① 转动工件　此方法是把工件上被加工的斜面转动到水平位置，垫上相应的角度垫铁夹紧在铣床工作台上。在圆柱和特殊形状的零件上加工斜面时，可利用分度头将工件转成所需位置进行铣削。

② 转动铣刀　此方法通常在装有立铣头的卧式铣床或立式铣床上进行。将主轴倾斜至所需角度，就可使刀具相对工件倾斜一定角度来铣削斜面。

③ 用角度铣刀铣斜面　对于一些小斜面，可用合适的角度铣刀加工，此方法多用于卧式铣床。

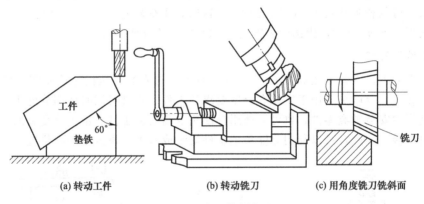

(a) 转动工件　　　　(b) 转动铣刀　　　　(c) 用角度铣刀铣斜面

图 6-16　斜面铣削方法

(3) 铣沟槽

在铣床上可铣削各种沟槽。下面将分别介绍用三面刃铣刀、角度铣刀、燕尾槽铣刀、T形槽铣刀、键槽铣刀、立铣刀加工直槽、V形槽、燕尾槽、T形槽、键槽、圆弧槽时的切削运动情况。

① 铣键槽　常见的键槽有封闭式和敞开式两种。对于封闭式键槽，单件生产一般在立式铣床上加工，用平口钳装夹工件，但需找正；若批量较大时，应在键槽铣床上加工，多用轴用虎钳装夹工件（轴用虎钳装夹工件可以自动对中，不必找正工件）。如图 6-17 所示。

对于敞开式键槽，用分度头装夹工件，在卧铣上用三面刃铣刀加工。

② 铣 T 形槽　先用立铣刀或三面刃铣刀铣出直槽，然后用 T 形槽铣刀铣削 T 形槽。T 形槽铣刀切

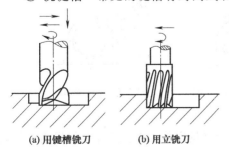

(a) 用键槽铣刀　　(b) 用立铣刀

图 6-17　铣封闭式键槽

削条件差，排屑困难，铣削时应取较小进给量，并加充足的切削液。如图 6-18 所示。

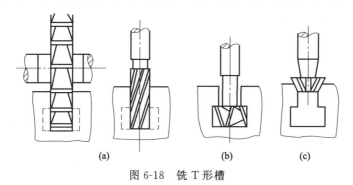

(a)　　　(b)　　　(c)

图 6-18　铣 T 形槽

③ 铣齿轮　铣齿轮是用被切齿轮齿槽形状相符的成形铣刀切出齿形的方法。铣削时，在卧式铣床上用分度头和心轴水平装夹工件，用齿轮铣刀进行铣削，如图 6-19 所示。

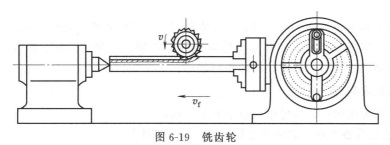

图 6-19　铣齿轮

铣削时，应根据齿轮的模数和齿数来选择专门的铣刀，每把铣刀仅适用于加工一定齿数范围内同一模数的齿轮。

第 7 章
钳工

7.1 概述

钳工是指主要利用各种手工工具完成的零件加工、部件及机器装配、调试，以及各类机械设备的维护、修理等工作。其基本操作有划线、锯削、锉削、钻孔、扩孔、铰孔、攻螺纹、套螺纹、刮削、研磨、装配、拆卸和修理等。

(1) 钳工的应用范围

钳工的应用范围很广，主要包括以下几个方面：

① 加工前的准备工作。如清理毛坯、在工件上划线等。

② 在单件或小批生产中，制造一些一般的零件。

③ 加工精密零件。如锉样板、刮削或研磨机器和量具的配合表面等。

④ 装配、调整和修理机器等。

钳工工具简单，操作灵活，可以完成用机械加工不方便或难以完成的工作。因此，尽管钳工操作的劳动强度大，对工人的技术水平要求也高，而且生产效率低，但在机械制造业中，钳工是不可缺少的重要工种之一。

(2) 钳工工作台和虎钳

钳工的一些基本操作主要是在由工作台和虎钳组成的工作地完成的。

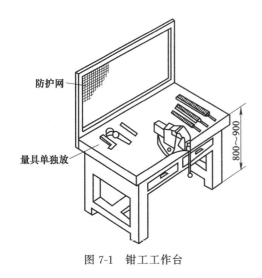

图 7-1　钳工工作台

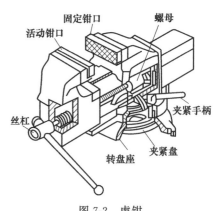

图 7-2　虎钳

① 钳工工作台 可简称钳台或钳桌。它一般是由坚实木材制成的，也有用铸铁制成的，要求牢固且平稳，台面高度为 800～900mm，其上装有防护网，如图 7-1 所示。

② 虎钳 虎钳是夹持工件的主要工具。虎钳有固定式和回转式两种。虎钳大小用钳口的宽度表示，常用的为 100～150mm。

虎钳的主体由铸铁制成，分固定和活动两个部分。虎钳的张开或合拢，是靠活动部分的一根螺杆与固定部分内的固定螺母发生螺旋作用而实现的。虎钳座用螺栓紧固在钳台上。对于回转式虎钳，虎钳的底座的连接靠两个锁紧螺钉的紧合，根据需要松开锁紧螺钉，便可做人为的圆周旋转，如图 7-2 所示。

(3) 工件在虎钳上的夹持方法

① 工件应夹持在虎钳钳口的中部，以使钳口受力均匀。

② 当转动手柄夹紧工件时，只能用双手的力扳紧手柄，不能在手柄上加套管子或用锤敲击，以免损坏虎钳丝杠或螺母上的螺纹。

③ 夹持工件的光洁表面时，应垫铜皮或铝皮加以保护。

7.2 划线

7.2.1 划线的作用和种类

划线是在某些工件的毛坯或半成品上按零件图样要求的尺寸划出加工界线或找正线的一种操作。

(1) 划线的作用

① 检查毛坯的形状和尺寸，避免把不合格的毛坯投入机械加工而造成浪费。

② 表示出加工余量、加工位置或安装工件时的找正线，作为工件加工或安装的依据。

③ 合理分配各加工表面的余量。

(2) 划线的分类

划线分为平面划线和立体划线，如图 7-3 所示。平面划线是在一个平面上划线。立体划线是在工件的几个表面上划线，即在长、宽、高三个方向上划线。

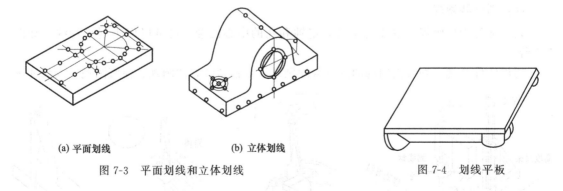

(a) 平面划线　　(b) 立体划线

图 7-3　平面划线和立体划线　　　　　　图 7-4　划线平板

7.2.2 划线工具及其用途

(1) 划线平板

划线平板由铸铁制成，是划线的基准工具（见图 7-4）。划线平板的上平面是划线用的基准平面，即安放工件和划线盘移动的基准面，因此要求上平面非常平直和光整，平板要安放牢固，上平面应保持水平，以便稳定地支承工件。平板不得撞击，并严禁在平板上锤击工件。长期不用时，应擦油防锈并用木板护盖。

（2）划针

划针是在工件上刻划直线用的。划针在划线时应当尽量做到一次划出，并使线条清晰、准确。划针有直划针和弯头划针两种。工件上某些部位用直划针划不到的地方，就得用弯头划针进行划线。

划线时，划针要沿着钢尺、角尺或划线样板等导向工具移动，同时向外倾斜 15°～20°，向移动方向倾斜 45°～75°（见图 7-5）。

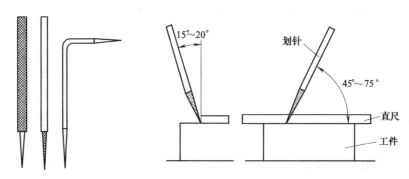

图 7-5　划针和划直线方法

（3）划线盘

它是立体划线用的主要工具。使用时，调节划针到一定的高度并移动划线盘底座，划针的尖端即可对工件划出水平线，如图 7-6 所示。此外，还可用划线盘对工件进行找平。

在使用划线盘时要注意以下几点：

① 划针应处于水平位置且不宜伸出过长，以免发生振动，影响划线精度。

② 划线时应使底座紧贴平板平面平稳移动，划针与划线方向的夹角应为锐角，即线是拖划出来的，这样可减少划针的抖动。

③ 划线盘用完后，应将划针竖直折起，使尖端朝下，以减少所占空间和防止伤人。

（4）划卡和划规

划卡又称为单脚规，主要是用来确定轴和孔的中心位置，也可以用于划平行线，如图 7-7 所示。

划规俗称圆规，划线使用的圆规有普通圆规、带锁紧装置的圆规、弹簧圆规、大尺寸圆

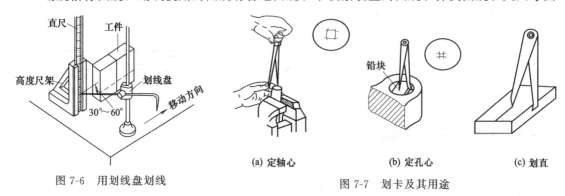

图 7-6　用划线盘划线

(a) 定轴心　　(b) 定孔心　　(c) 划直

图 7-7　划卡及其用途

规等，如图 7-8 所示。它主要用于划圆或划弧、等分线段或角度，以及把直尺上的尺寸移到工件上。

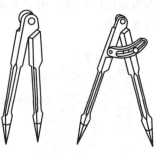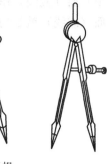

（5）样冲

样冲用来在工件所划的线条的交叉点上打出小而均匀的样冲眼，以便在所划的线模糊后，仍能找到原线及交点位置（见图 7-9）。划圆前与钻孔前，应在中心部位打上定中心样冲眼。如图 7-10 所示。

图 7-8　划规

（6）量具

划线常用的量具有：钢板尺、高度尺、高度游标卡尺及直角尺。高度游标卡尺是高度尺 ［见图 7-11（a）］和划线盘的组合，如图 7-11（b）所示。高度游标卡尺是精密测量工具，精度可达 0.02mm，适用于半成品（光坯）的划线，不允许用它来划毛坯线。使用时，要防止撞坏硬质合金划线脚。

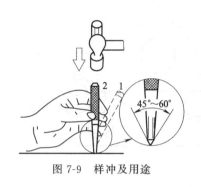

图 7-9　样冲及用途

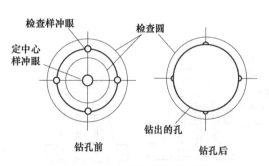

图 7-10　钻孔前的划线和打样冲眼

（7）支持工具

① 方箱　它是由铸铁制成的六个面相互垂直的、空的立方体，六个面需经过精加工，其中一面有 V 形槽，并配有压紧装置，如图 7-12 所示。它用于支持尺寸较小、表面划线轻的工件，通过翻转工件，在工件表面划出相互垂直的线，V 形槽则用来安装圆形工件，也是通过翻转方箱以划出工件的中心线或是找出中心。

② 千斤顶　如图 7-13 所示，在加工较大或不规则工件时，用千斤顶来支撑工件，适当调整其高度，以便找正工件。一般三个千斤顶为一组同时使用。

③ V 形铁　用于支承圆柱形工件，使工件轴线与平板平面平行，如图 7-14 所示。

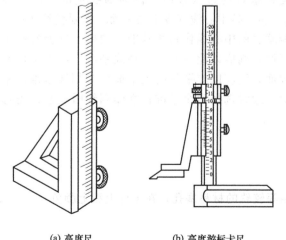

(a) 高度尺　　　(b) 高度游标卡尺

图 7-11　高度尺和高度游标卡尺

7.2.3　划线基准

划线时应在工件上选择一个（或

几个）面（或线）作为划线的根据，用它来确定工件的几何形状和各部分的相对位置，这样的面（或线）就是划线基准。

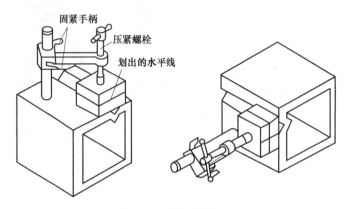

图 7-12 方箱及其用途

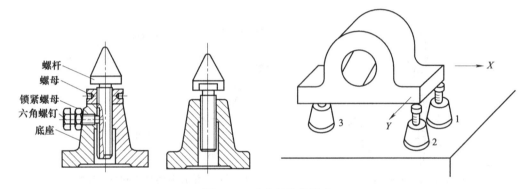

图 7-13 千斤顶及其用途

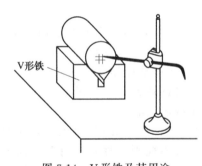

图 7-14 V 形铁及其用途

划线基准的选择：当工件为毛坯时，可选零件图上较重要的几何要素，如主要孔的中心线或平面等为划线基准，并力求划线基准与零件的设计基准保持一致；以两条互相垂直的边（或面）作为划线基准；以一条边（或面）和一条中心线（或中央平面）作划线基准；以两条互相垂直的中心线作划线基准；如果工件上有一个已加工平面，则应以此平面作为划线基准；如果工件都是毛坯表面，则应以较平整的大平面作为划线基准；平面划线时，通常选择两个基准；立体划线时，通常需选择两个以上基准。划线基准的选择如图 7-15 所示。

7.2.4 划线步骤

① 研究图样，确定划线基准。
② 清理工件，有孔的需要用木块、铝等较软的材料塞孔，在工件上涂上颜色。
③ 根据工件，正确选定划线工具。
④ 划上基准线，再划其他水平线。
⑤ 翻转工件，找正，划出相互垂直的线。

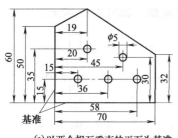

(a)以两个相互垂直的平面为基准

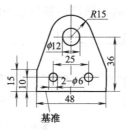
(b) 以一平面与中心线为基准

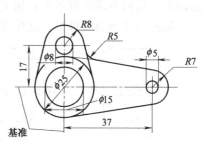
(c) 以两条相互垂直的中心线为基准

图 7-15　划线基准

⑥ 检查划出的线是否正确，然后打样冲眼。

7.3　锯削

锯削是用手锯锯断金属材料或在工件上切槽的操作。

(1) 锯削工具及其选用

锯削的工具是手锯，手锯由锯弓和锯条两部分组成。

① 锯弓　锯弓是用来夹持和拉紧锯条的工具，有固定式和可调式两种。由于可调式锯弓的前段可套在后段内自由伸缩，如图 7-16 所示，因此，可安装不同长度规格的锯条，应用广泛。锯条安放在固定夹头和活动夹头的圆销上，旋紧活动夹头上的翼形螺母，就可以调整锯条的松紧。

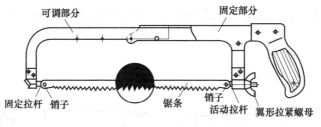

图 7-16　手锯

② 锯条及其选择　锯条由碳素工具钢制成并经过淬火处理，其切削部分硬度达 62HRC 以上，锯条两端的装夹部分硬度可低些，使其韧性较好，装夹时不致卡裂。锯条也可用渗碳软钢冷轧而成。

锯条规格以其两端安装孔间距表示，常用的规格为长 300mm、宽 12mm、厚 0.8mm。

锯齿的形状如图 7-17 所示。锯齿按齿距大小可分为粗齿、中齿及细齿三种。应根据工件材料的硬度和厚度选用不同粗细的锯条，如图 7-18 所示。锯软材料或厚件时，容屑空间要大，应选用粗齿锯条；锯硬材料和薄件时，同时切削的齿数要多，而切削量少且均匀，为尽可能地减少崩齿和钝化，应选用中齿甚至细齿的锯条。一般应用为：粗齿锯条适于锯铜、铝等软金属及厚的工件；细齿锯条适于

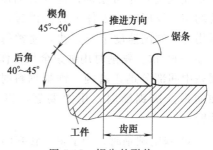

图 7-17　锯齿的形状

锯硬钢、板料及薄壁管子等；加工普通钢、铸铁及中等厚度的工件时多用中齿锯条。

锯齿的排列为波浪形，这样可以减少锯口两侧与锯条间的摩擦，如图 7-19 所示。

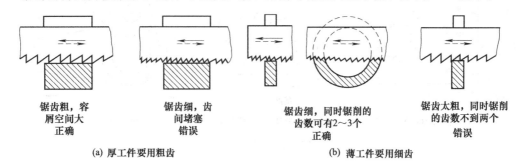

锯齿粗，容屑空间大 正确　　锯齿细，齿间堵塞 错误　　锯齿细，同时锯削的齿数可有 2～3 个 正确　　锯齿太粗，同时锯削的齿数不到两个 错误

(a) 厚工件要用粗齿　　　　　　(b) 薄工件要用细齿

图 7-18　锯齿粗细的选择

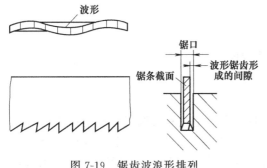

图 7-19　锯齿波浪形排列

(2) 锯削的基本操作

① 根据工件材料及厚度选择合适的锯条。

② 将锯条安装在锯弓上，锯齿向前，锯条松紧要合适，否则锯削时易折断。

③ 工件应尽可能夹在虎钳左边，以免操作时碰伤左手。工件伸出要短，否则锯削时会颤动。

④ 起锯时以左手拇指靠住锯条，右手稳推手柄，起锯角度稍小于 15°，如图 7-20 所示。锯弓往复行程要短，压力要轻，锯条要与工件表面垂直，锯成锯口后，逐渐将锯弓改至水平方向。

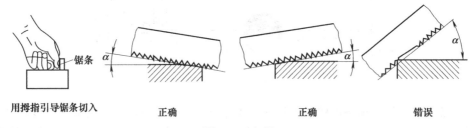

用拇指引导锯条切入　　　　正确　　　　　正确　　　　　错误

图 7-20　起锯

⑤ 锯削时锯弓握法如图 7-21 所示。锯弓应直线往复，不可摆动；前推时加压，用力要均匀，返回时从工件上轻轻滑过，不要加压用力。锯削速度不宜过快，通常每分钟往复 30～60 次。锯削时用锯条全长工作，以免锯条中间部分迅速磨钝。锯削钢料时应加机油润滑。快锯断时，用力要轻，以免碰伤手臂。

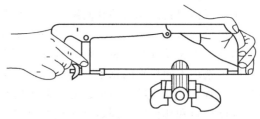

图 7-21　手锯的握法

⑥ 锯削圆钢时，为了得到整齐的锯缝，应从起锯开始以一个方向锯到结束［见图 7-22 (a)］；锯削圆管时，应在管壁将被锯穿时，将圆管向推锯方向转一定角度，再继续锯削［见

图 7-22（b）]；锯削薄板时，可多片重叠起来增加板料的刚度，然后一起进行锯削，也可用木板夹住薄板的两侧进行锯削［见图 7-22（c）］。

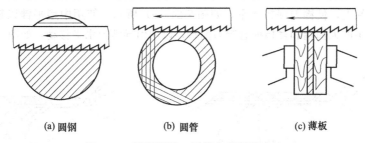

| (a) 圆钢 | (b) 圆管 | (c) 薄板 |

图 7-22　锯削圆钢、圆管和薄板的方法

7.4　锉削

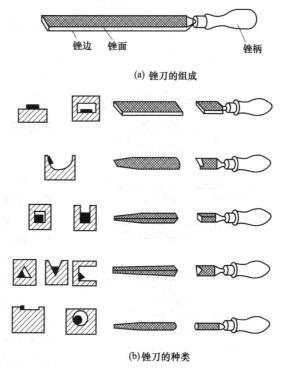

(a) 锉刀的组成

(b) 锉刀的种类

图 7-23　锉刀的组成及种类

利用锉刀对工件表面进行加工的操作称为锉削。锉削主要用于单件小批量生产中加工形状复杂的零件、样板、模具，以及在装配时对零件进行修整。锉削可以加工平面、孔、曲面、内外角形以及各种形状的配合表面。

7.4.1　锉削工具

锉削的工具是锉刀，它由碳素工具钢制成并经过淬火处理。

(1) 锉刀的构造及种类

锉刀由锉面、锉边和锉柄组成，如图 7-23（a）所示。根据截面形状不同，锉刀可以分为平锉、半圆锉、方锉、三角锉和圆锉，如图 7-23（b）所示。其中平锉用得最多。锉刀的大小用所锉工件的长度来表示。锉刀的锉纹多制成双纹，以便锉削时省力，且锉面不易堵塞。

锉刀的粗细按照锉面上每 10mm 长度范围内的锉齿数可以分为粗齿锉、中齿锉、细齿锉和油光锉，如表 7-1 所示。

表 7-1　锉齿粗细的划分及应用

类别	齿数(10mm 长度内)/个	加工余量/mm	获得的表面粗糙度 $Ra/\mu m$	用　途
粗齿锉	4～12	0.5～1.0	25～12.5	粗加工或锉削软金属
中齿锉	13～24	0.2～0.5	12.5～6.3	粗锉后的继续加工
细齿锉	30～40	0.1～0.2	6.3～3.2	锉光表面及锉削硬金属
油光锉	40～60	0.02～0.1	3.2～0.8	精加工时修光表面

(2) 锉刀的使用方法

锉刀的握法根据锉刀大小及工件加工部位的不同而改变。使用大的平锉时，应右手握锉柄，左手掌部压在锉端上，使锉刀保持水平，如图7-24（a）所示。使用中型平锉以较小的力度锉削时，也可以用左手的大拇指和食指捏着锉刀前端，以便引导锉刀水平移动，如图7-24（b）所示。

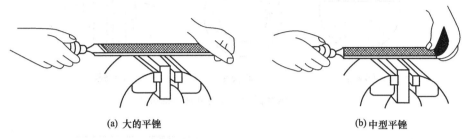

(a) 大的平锉 　　　　　(b) 中型平锉

图 7-24 锉刀的握法

锉削时由于工件相对于两手的位置在连续改变，因此两手的用力也应相应地变化，如图7-25所示。锉刀前推时要加压，水平返回时则不宜压紧工件，以免磨钝锉齿和损伤已加工表面。

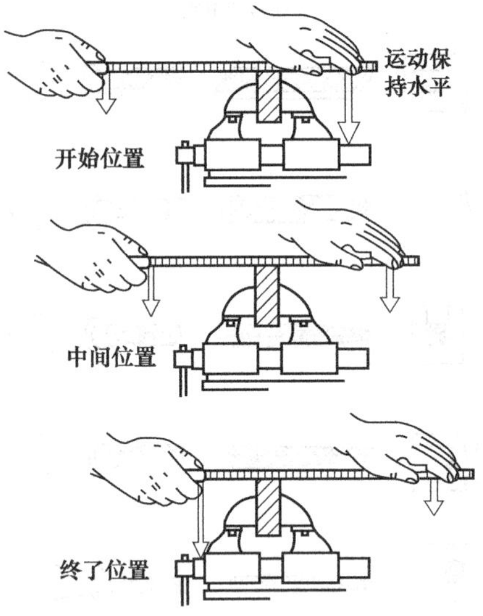

运动保持水平

开始位置

中间位置

终了位置

图 7-25 锉削时用力的变化

7.4.2 锉削应用

(1) 锉削平面

锉削平面的方法有顺锉法、交叉锉法和推锉法等，如图7-26所示。

① 顺锉法　如图7-26（a）所示。顺锉法是最基本的锉法，适用于较小平面的锉削，可得到正直的锉纹，使锉削的平面较为美观，其中左图多用于粗锉，右图则用于交叉锉后对平面的进一步锉光。

② 交叉锉法　如图7-26（b）所示。切削运动方向与工件成30°～40°夹角，且锉削轨迹交叉。使用这种方法锉削时锉刀与工件接触面积大，因此容易锉出较平整的平面，适用于锉削余量较大的工件。

③ 推锉法　如图7-26（c）所示。仅用于修光，适用于窄长平面或用顺锉法受阻的情况。切削运动沿着工件加工表面的长度方向，两手横握锉刀，沿工件表面平衡地推拉锉刀，以得到平整光洁的表面。

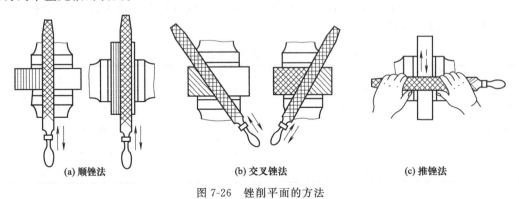

(a) 顺锉法 　　　　　(b) 交叉锉法 　　　　　(c) 推锉法

图 7-26 锉削平面的方法

④ 平面锉削的检验　锉削时，工件的尺寸可用钢尺和卡尺检查。工件的平直度及垂直度可用直角尺根据透光法来检验，如图 7-27 所示。

（2）锉削圆弧面

锉削外圆弧面的时候，锉刀既向前推进，又绕圆弧面中心摆动（见图 7-28）。常用的外圆弧锉法有滚锉法和横锉法两种，滚锉法适用于精锉，横锉法适于粗锉。

锉削内圆弧面的时候，锉刀在向前运动的同时还要绕自身的轴线旋转，并且要沿圆弧面左、右移动（见图 7-29）。

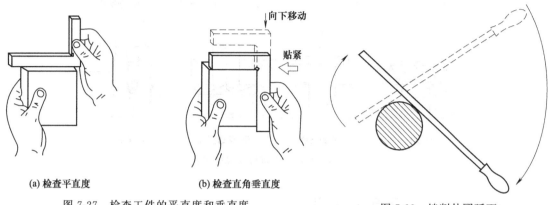

(a) 检查平直度　　　　(b) 检查直角垂直度

图 7-27　检查工件的平直度和垂直度

图 7-28　锉削外圆弧面

（3）锉削通孔

首先钻出底孔，再根据需要加工的形状选择相应的锉刀。锉削通孔时需要注意经常转换位置，分别从孔的两侧锉削，这是由于工件有一定的厚度，只从一面锉削可能会在无意中造成孔另一面的形状产生较大的偏差。

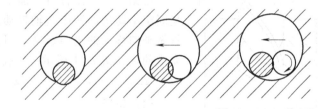

(a) 锉刀只有前进运动，　(b) 锉刀有前进运动和移动，　(c) 正确的锉削方法
内圆面被多锉掉一部分　　内圆弧面的一部分没被锉掉

图 7-29　锉削内圆弧面

（4）锉削时的注意事项

① 工件应夹紧，但要避免使工件受损，工件应适当高出虎钳钳口。

② 铸件、锻件毛坯上的硬皮及沙粒，应预先用砂轮磨去，然后再锉削。

③ 用钢丝刷及时顺着锉纹方向刷去锉刀上堵塞的锉屑。

④ 锉削速度不宜太快，以免打滑。

⑤ 注意安全，不可用手摸工件表面和锉刀刀面，以免再锉时打滑。

⑥ 避免将锉刀摔落或当作杠杆夹撬他物。

7.5　钻孔、扩孔和铰孔

机器零件上分布着许多大小不同的孔，其中那些数量多、直径小、精度不很高的孔，都是在钻床上加工出来的。钻削是孔加工的基本方法之一，它在机械加工中占有很大的比重。在钻床上可以完成的工作很多，如钻孔、扩孔、铰孔、锪孔、攻螺纹等，如图 7-30 所示。

用钻头钻孔时,由于钻头结构和钻削条件的影响,致使加工精度不高,所以钻孔只是孔的一种粗加工方法。孔的半精加工和精加工尚须由扩孔和铰孔来完成。

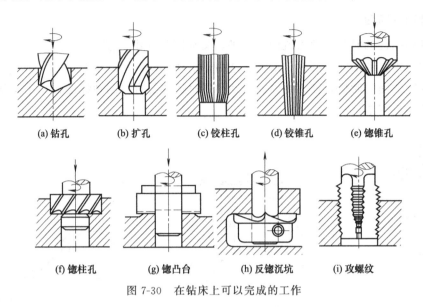

(a) 钻孔　　(b) 扩孔　　(c) 铰柱孔　　(d) 铰锥孔　　(e) 锪锥孔

(f) 锪柱孔　　(g) 锪凸台　　(h) 反锪沉坑　　(i) 攻螺纹

图 7-30　在钻床上可以完成的工作

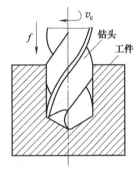

图 7-31　钻孔及其运动

7.5.1　钻孔

用钻头在实体材料上加工出孔的工作称钻孔。钻削时,工件是固定不动的,钻床主轴带动刀具做旋转主运动,同时主轴使刀具做轴向移动的进给运动,因此主运动和进给运动都是由刀具来完成的,如图 7-31 所示。钻孔的加工质量较低,其尺寸精度一般为 IT12 级左右,表面粗糙度 Ra 的数值为 $50 \sim 12.5 \mu m$。

(1) 钻床

钻床的种类很多,常用的有台式钻床、立式钻床和摇臂钻床三种。

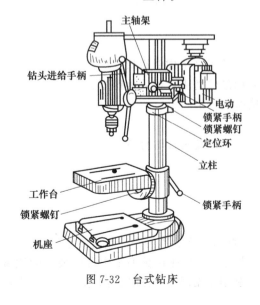

图 7-32　台式钻床

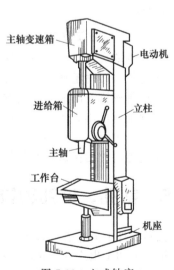

图 7-33　立式钻床

① 台式钻床　它是一种放在台桌上使用的小型钻床，故称台式钻床，简称台钻（见图7-32），一般用于加工小型零件上直径不超过 12mm 的小孔，最小加工直径可以小于 1mm。由于加工的孔径较小，为了达到一定的切削速度，台钻的主轴速度一般较高，最高时可达10000r/min。主轴的转速可通过改变 V 型带在带轮上的位置来调节。台钻主轴的进给是手动的。台钻结构简单，使用方便，在钳工装配和仪表制造中应用广泛。

② 立式钻床　立式钻床简称立钻，它是一种中型钻床，如图 7-33 所示。这类钻床的最大钻孔直径有 25mm、35mm、40mm 和 50mm 等几种，其钻床规格是用最大钻孔直径来表示的。立钻主要由主轴、主轴变速箱、进给箱、立柱、工作台和机座等组成。主轴变速箱和进给箱由电动机经带轮传动。通过主轴变速箱可使主轴获得需要的各种转速。钻小孔时，转速需要高些；钻大孔时，转速应低些。主轴在主轴套筒内做旋转运动，同时通过进给箱中的传动机构，使主轴随着主轴套筒按需要的进给量自动做直线进给运动，也可利用手柄实现手动轴向进给。进给箱和工作台可沿立柱导轨调整上下位置，以适应不同高度的工件加工。立钻的主轴不能在垂直于其轴线的平面内移动，要使钻头与工件孔的中心重合，必须移动工作，这是比较麻烦的。立钻适合于加工中小型工件上的中小孔。立钻与台钻不同的是主轴转速和进给量的变化范围大，立钻可自动进给，且适于扩孔、锪孔、铰孔和攻丝等加工。

③ 摇臂钻床　摇臂钻床有一个能绕立柱回转的摇臂，摇臂带着主轴箱可沿立柱垂直移动，同时主轴箱还能在摇臂上做横向移动。由于摇臂钻床结构上的这些特点，操作时能很方便地调整刀具的位置，对准被加工孔的中心，而不需移动工件来进行加工。因此，摇臂钻床适用于一些笨重的大工件以及多孔的工件上的大、中、小孔加工，它广泛地应用于单件和成批生产中。其结构如图 7-34 所示。

(2) 麻花钻头

钻孔用的刀具主要是麻花钻头，麻花钻一般用高速钢制造。麻花钻的组成如图 7-35 所示，由工作部分、颈部和柄部三部分构成。

① 工作部分　工作部分包括切削部分和导向部分。

麻花钻的前端是切削部分（见图 7-36），有两个对称的主切削刃，两刃之间的夹角通常为 $2\varphi = 116°\sim118°$，称为锋角。钻头顶部有横刃，即两主后刀面的交线，它的存在使钻削时的轴向力增加，所以常采用修磨横刃的方法缩短横刃。

导向部分上有两条刃带和螺旋槽，刃带的作用是引导钻头和减少与孔壁的摩擦，螺旋槽的作用是向孔外排屑和向孔内输送切削液。

图 7-34　摇臂钻床

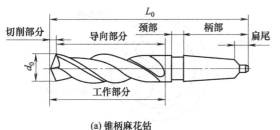

(a) 锥柄麻花钻

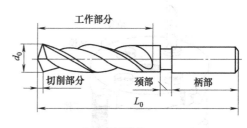

(b) 直柄麻花钻

图 7-35　麻花钻

② 颈部　颈部是加工时的工艺槽，上面一般会打上厂家的有关标记。

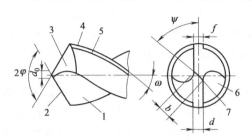

图 7-36　麻花钻切削部分
1—前刀面；2—主切削刃；3—后刀面；4—棱刃；
5—刃带；6—螺旋槽；7—横刃

③ 柄部　柄部用于夹持，并传递来自机床的扭矩。柄部一般有直柄和锥柄两种：直柄传递扭矩较小，一般用于直径在 12mm 以下的钻头；锥柄对中性较好，可传递较大的扭矩，用于直径大于 12mm 的钻头。

（3）钻孔时工件的安装

安装工件的方法与工件的形状大小、生产批量及孔的加工要求等因素有关。

单件小批量生产，或者孔的加工要求不高时，可以用划线来确定孔的中心位置，然后采用通用夹具安装。在立钻或台钻上钻孔时，工件通常用平口钳安装，较大的工件可用压板、螺栓直接装在钻床工作台上，如图 7-37 所示。

批量生产或工件加工要求较高时，可以采用钻模，如图 7-38 所示。钻模上装有耐磨性及精度较高的钻套，用来引导钻头。这种方法可以不必对孔的位置进行划线，钻孔的精度也较高。

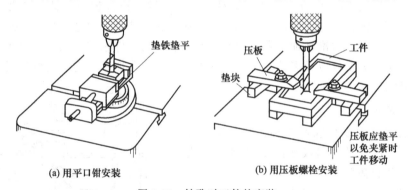

(a) 用平口钳安装　　　(b) 用压板螺栓安装

图 7-37　钻孔时工件的安装

（4）钻削应用

① 钻削定位　按划线钻孔时，应先在孔中心处打好样冲眼，划出检查圆（见图 7-10），以便找正中心，便于引钻；然后对准中心试钻一个浅坑，检查后如果孔位置正确，可以继续钻孔。如果孔轴线偏了，可以用样冲纠正，若偏出较多，可以用尖錾纠正，然后再钻削，如图 7-39 所示。

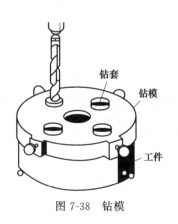

图 7-38　钻模

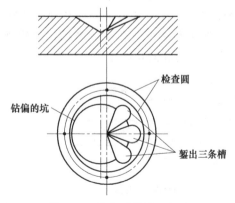

图 7-39　钻偏时的纠正方法

②钻削速度　钻孔时，进给速度要均匀，将要钻通时要减小进给量，以防卡住或折断钻头。

③钻削深孔　钻较深的孔时，要经常退出钻头以排出切屑和进行冷却，否则会使切屑堵塞在孔内卡断钻头或由于过热而加剧钻头磨损。为降低切削温度，提高钻头的耐用度，需要施加切削液。钻削直径大于 30mm 的孔时，由于轴向力和扭矩过大，一般应分两次钻出，先钻一个直径小一些的孔（为加工孔径的 0.5 倍左右），再用所需孔径的钻头进行扩孔。

7.5.2　扩孔

在工件上扩大原有的孔（如铸出、锻出或钻出的孔）的工作叫作扩孔。因为直径较大的孔很难一次钻出，所以可以先钻一个直径较小的孔，直径大约为加工孔径的 50%～70%，然后再扩。扩孔一定程度上可以校正原孔轴线的偏斜，属于半精加工，尺寸公差等级可达 IT10～IT9，表面粗糙度 Ra 值为 6.3～3.2μm。扩孔既可以作为孔加工的最后工序，也可作为铰孔前的预备工序。

扩孔钻的形状与麻花钻相似，所不同的是：扩孔钻有 3～4 个主切削刃，故导向性好，切削平稳；无横刃，消除了横刃的不利影响，改善了切削条件；切削余量较小，一般为 0.5～4mm，容屑槽小，钻芯较粗，刚性较好，切削时可采用较大的切削用量。故扩孔的加工质量和生产效率都高于钻孔。扩孔钻及其应用如图 7-40 所示。

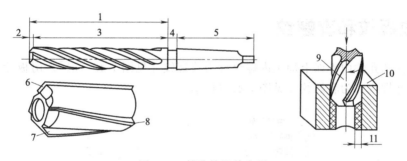

图 7-40　扩孔钻及其应用
1—工作部分；2—切削部分；3—校准部分；4—颈部；5—柄部；6—主切削刃；7—前刀面；8—刃带；9—扩孔钻；10—工件；11—扩孔余量

7.5.3　铰孔

在钻孔或扩孔之后，为了提高孔的尺寸精度和降低表面粗糙度，需用铰刀进行铰孔。铰孔加工精度较高：机铰的尺寸公差等级可达 IT8～IT7，表面粗糙度 Ra 为 1.6～0.8μm；手铰则可达 IT7～IT6，表面粗糙度 Ra 为 0.4～0.2μm。可见，手铰比机铰质量高。

(1) 铰刀

铰刀结构及其应用如图 7-41 所示。铰刀类似于扩孔钻，它有更多的切削刃（6～12 个）和较小的顶角。铰刀每个切削刃上的负荷明显小于扩孔钻，这些因素有利于提高铰孔的尺寸公差等级和降低铰孔表面粗糙度 Ra。铰刀分为机铰刀和手铰刀，机铰刀多为锥柄，装在钻床或车床上进行铰孔，铰孔时选择较低的切削速度，并选用合适的切削液，以降低加工孔的表面粗糙度；手铰刀切削部分较长，导向作用好，易于铰削时的导向和切入。

(2) 铰孔操作

铰孔时必须根据工件材料来选择适当的冷却润滑液，这样既可以降低切削区温度，也有

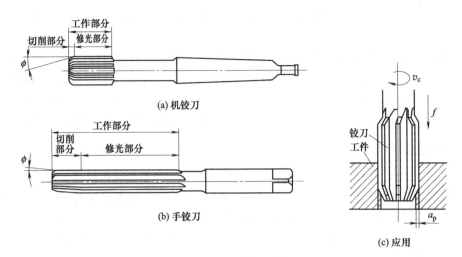

图 7-41　铰刀结构及其应用

利于提高加工质量、降低刀具磨损。

　　铰刀在孔中不能倒转，即使是退出铰刀，也不能倒转。机铰时必须在铰刀退出后才能停车。

7.6　攻螺纹和套螺纹

　　用丝锥在圆孔的内表面上加工内螺纹称为攻螺纹［见图 7-42（a）］；用板牙在圆杆的外表面上加工外螺纹称为套螺纹［见图 7-42（b）］。

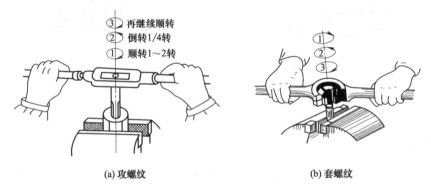

图 7-42　攻螺纹和套螺纹

7.6.1　攻螺纹

(1)　丝锥

　　丝锥是专门用来攻螺纹的刀具。丝锥由切削部分、修光部分（定位部分）、容屑槽和柄部构成。切削部分在丝锥的前端，呈圆锥状，切削负荷分配在几个刀刃上。定位部分具有完整的齿形，用来校准和修光已切出的螺纹，并引导丝锥沿轴向运动。容屑槽是沿丝锥纵向开出的 3～4 条槽，用来容纳攻丝所产生的切屑。柄部有方榫，用来安放攻丝扳手，传递扭矩。丝锥及其应用如图 7-43 所示。

　　攻螺纹时，为了减少切削力，提高丝锥的耐用度，将攻螺纹的整个切削量分配给几支丝

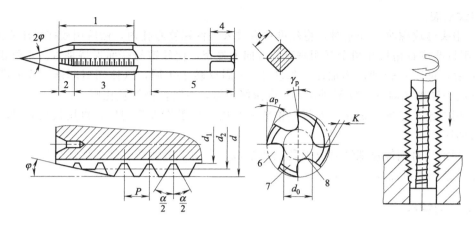

图 7-43 丝锥及其应用
1—工作部分；2—切削部分；3—校准部分；4—方头；5—柄部；
6—容屑槽；7—齿；8—芯部

锥来担负。这种配合完成攻丝工作的几支丝锥称为一套。先用来攻螺纹的丝锥称头锥，其次为二锥，再次为三锥。一般攻 M6～M24 以内的丝锥每套有两支，攻 M6 以下或 M24 以上的螺纹，每套丝锥为三支。

(2) 铰杠

铰杠是用来夹持和扳转丝锥的专用工具，如图 7-44 所示。铰杠是可调式的，转动右手柄，可调节方孔的大小，以便夹持不同规格的丝锥。

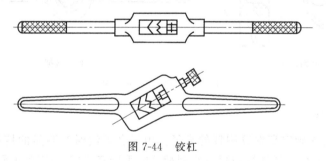

图 7-44 铰杠

(3) 攻螺纹方法

① 钻螺纹底孔 底孔的直径通过查表或用经验公式计算得出。

对钢料及韧性材料，计算公式为

$$d' = D - P$$

对铸铁及脆性材料，计算公式为

$$d' = D - (1.05 - 1.1)P$$

上两式中 d'——螺纹底孔直径；

D——螺纹大径，即工件螺纹公称直径；

P——螺距。

在盲孔中加工内螺纹时，由于丝锥不能在孔底部切出完整螺纹，因此底孔深度 H 应大于螺纹的有效长度 L，计算公式为

$$H = L + 0.7D(螺纹大径)$$

② 倒角 在孔口部倒角，倒角处的直径可略大于螺纹大径，以利于丝锥切入，并防止

孔口螺纹崩裂。

③ 用头锥攻螺纹　开始时，将丝锥垂直放入工件螺纹底孔内，然后用铰杠轻压旋入 1～2 周，用目测或直角尺在两个互相垂直的方向上检查，使丝锥与端面保持垂直。当丝锥切入 3～4 周后，可以只转动，不加压，每转 1～2 周反转 1/4 周，以使切屑断落。攻通孔螺纹时，只用头锥攻穿即可。攻不通孔时，应做好记号，以防丝锥触及孔底。

④ 用二锥、三锥攻螺纹　先将丝锥放入孔内，用手旋入几周后，再用铰杠转动，转动时无需加压。

⑤ 润滑　对钢件攻螺纹时应加乳化液或机油润滑；对铸铁、硬铝件攻螺纹时一般不加润滑油，必要时可加煤油润滑。

7.6.2　套螺纹

(1) 套螺纹工具

① 板牙　板牙一般由合金工具钢制成。常用的圆板牙如图 7-45 (a) 所示。可调式圆板牙在圆柱面上开有 0.5～1.5mm 的窄缝，使板牙螺纹孔直径可以在 0.5～0.25mm 范围内调节。圆板牙螺孔的两端有 40°的锥度部分，是板牙的切削部分。圆板牙轴向的中间段是校准部分，也是套螺纹时的导向部分。

② 板牙架　它是用来夹持圆板牙的工具，如图 7-45 (b) 所示。

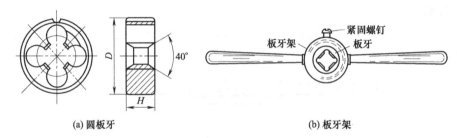

(a) 圆板牙　　　　　　　　　　　　　　　　(b) 板牙架

图 7-45　圆板牙及板牙架

(2) 套螺纹方法

① 套螺纹前需先确定套螺纹圆杆的直径。由于套螺纹时有明显的挤压作用，因此圆杆直径应略小于螺纹大径，具体数值可以查阅相关的手册来确定，或者用下列经验公式计算

$$d' = d - 0.13P$$

式中　d'——圆杆直径；

　　　d——螺纹大径；

　　　P——螺距。

② 圆杆的端部必须先做出合适的倒角。圆板牙端面与圆杆应保持垂直，避免套出的螺纹有深有浅。

③ 板牙开始切入工件时转动要慢，压力要大，套入 3～4 周后，即可只转动、不加压。要时常反转来断屑。

7.7　刮削

刮削就是用刮刀在工件表面刮去一层极薄的金属以修整加工面，使之平整、光滑的一种精密加工方法。

刮削能提高工件间的配合精度，提高工件表面精度，降低表面粗糙度 Ra 的值。但是刮削劳动强度较大，因此可用磨削等机械加工方法代替。

7.7.1 刮削工具

(1) 刮刀

刮削所用的工具是刮刀，它由碳素工具钢或轴承钢锻制而成，硬度可达 60HRC 左右。在刮削硬工件时使用硬质合金刮刀。刮刀分平面刮刀和曲面刮刀两大类（见图 7-46）。常用的是平面刮刀。

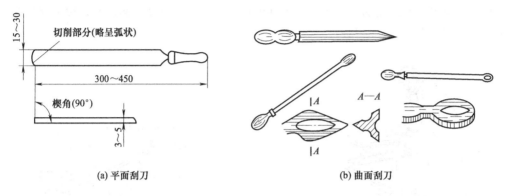

(a) 平面刮刀   (b) 曲面刮刀

图 7-46 刮刀

(2) 校准工具

校准工具（见图 7-47）也称研具，用来检验刮削的质量。常用的校准工具有检验平板、校准直尺、角度直尺及工字形直尺。刮削内圆弧面时，一般用与其相配的轴作为校准工具。

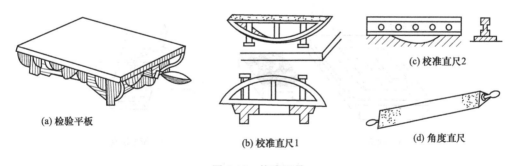

(a) 检验平板   (b) 校准直尺1   (c) 校准直尺2   (d) 角度直尺

图 7-47 校准工具

(3) 显示剂

把校准工具与刮削表面相配合在一起，加一定的压力相互摩擦，刮削面上的凸起处就被磨成亮点。如在两摩擦面加入颜料，就可使最凸起、次凸起和凹处的颜色不同，为刮削指明了地点，这种方法叫作研点子，所加颜料就是显示剂。常用的显示剂有红丹油和兰油两种。

① 红丹油　用机油加以红丹粉调和而成。它具有点子显示清晰、无反光、价格低廉的特点，多用于钢铁件。

② 兰油　由普鲁士颜料与蓖麻油混合而成。它所显示的点子更明显，多用于精密件和有色金属的精刮。

7.7.2 刮削操作

(1) 平面刮削

可采用挺刮式或手刮式两种。

① 挺刮式 如图 7-48 所示，将刀柄顶在小腹右下侧，左手在前、右手在后，握住离地 80～100cm 的刀身，靠腿部和臂部的力量把刮刀推到前方，双手加压，当推到所需长度时提起刮刀。

② 手刮式 刮刀的握法如图 7-49 所示，右手握刀柄，推动刮刀；左手放在靠近端部的刀体上，引导刮削方向及加压。刮刀与工件保持 25°～30° 的角度。刮削时，用力要均匀，刮刀要拿稳，到所需长度提起刮刀。

图 7-48　挺刮式　　　　　　　图 7-49　手刮式

③ 精度检验 平面刮削的精度是用 25mm×25mm 的面积内均匀分布的贴合点的数目来表示的，如图 7-50 所示。各种平面所要求的点子数如表 7-2 所示。

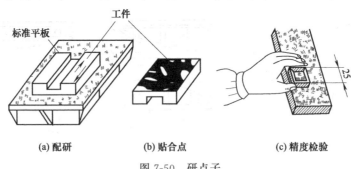

(a) 配研　　　　　(b) 贴合点　　　　　(c) 精度检验

图 7-50　研点子

表 7-2　各种平面的贴合点数

平面种类	贴合点数	应 用 范 围
普通平面	8～12	普通基准面、密封结合面
	12～16	机床导轨面、工具基准面
精密平面	16～20	精密机床导轨、直尺
	20～25	精密量具、一级平板
超精密平面	＞25	零级平板、高精度机床导轨面

尽管各平面要求的贴合点子数不同，但通常总是要经过粗刮、细刮或精刮逐步达到要求，所以刮削前要了解所刮平面的性质，以便确定刮削步骤。

① 粗刮　主要是为了较快地清除机械加工留下的刀纹、表面锈迹以及刮去较大的刮削余量（0.05mm 以上）。刮削方向应与机械加工刀痕成 45°角，各次刮削方向应交叉进行，如图 7-51 所示。粗刮宜采用较长的刮刀，这种刮刀用力较大，刮痕长，刮除金属多。当机械加工的刀纹消除后，涂上显示剂，用检验平板对研，以显示加工面上的高低不平处，刮掉高点，如此反复进行，当工件表面每 25mm×25mm 的面积内的贴合点增至 4 个时，可以开始细刮。

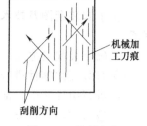

图 7-51　粗刮方向

② 细刮　细刮时应选用较短的刮刀，这种刮刀用力小，刀痕较短且不连续，并要朝一个方向刮。刮第二遍时要与第一遍成45°或 60°角交叉刮削。

③ 精刮　在细刮的基础上精刮。刮刀短而窄，经反复刮削，使之达到要求。

④ 刮花　上述刮削工作完成后，对被刮削表面进行刮花修饰，以增加美观。如图 7-52 所示为刮削花纹。

(a) 斜纹花　　　　(b) 鱼鳞花　　　　(c) 半月花

图 7-52　刮花的花纹

(2) 曲面刮削

对于某些要求较高的滑动轴承的轴瓦，也要进行刮削，以得到良好的配合。刮削轴瓦时用三角刮刀，用法如图 7-53 所示。研点子的方法是在轴上涂色，然后用轴与轴瓦配研。

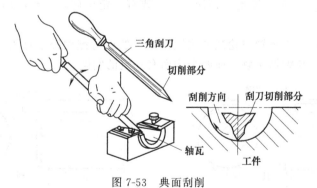

图 7-53　典面刮削

7.8　装配

7.8.1　概述

任何一台机器都是由多个零件组成的，将零件按装配工艺过程组装起来，并经过调整、试验使之成为合格产品的过程，称为装配。装配工作是产品制造的最后阶段，在机械制造业中占有很重要的地位。

7.8.2 装配的步骤

① 了解装配图及技术要求,了解产品结构工作原理、各零件的作用,以及相互连接的关系。

② 确定装配的方法、顺序,并准备装配的工具。

③ 对装配的零件进行整理,包括清洗、去毛刺、去油污。

④ 进行组件装配,部件装配,直至总装配。

⑤ 进行调整、检验、喷漆、装箱等步骤。

7.8.3 典型零件的装配

(1) 螺纹连接

螺纹连接是最常用的一种可拆的固定连接方式,具有结构简单、连接可靠、装配方便等优点。装配时需要注意以下方面。

① 预紧力要适当,为控制预紧力可以使用扭矩扳手。

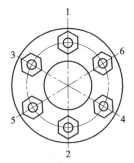

图 7-54 螺母的拧紧

② 螺纹连接的有关零件配合面应接触良好,为提高贴合质量,常使用垫圈。

③ 螺钉、螺母的端面应与螺纹轴线垂直,以达到受力均匀。

④ 拧紧螺母的程度和顺序都会影响螺纹连接的装配质量。对称工件应按对称顺序拧紧,有定位销的工件应从定位销处拧紧,一般应按顺序分两次或三次拧紧,如图 7-54 所示。

(2) 键连接组件的装配

平键、半圆键连接装配时,先将键压入轴的键槽内,然后套入带键槽的轮毂,如图 7-55 (a) 所示。键的底面要与轴上键槽底面接触,而键的顶面与轮毂要有一定的间隙,键的两个侧面与键槽要有一定的过盈。

楔键连接装配时,先将轴与轮毂的位置摆好,然后将键用锤子打入,如图 7-55 (b) 所示。键的顶面和底面与键槽接触,而两个侧面有一定的间隙。

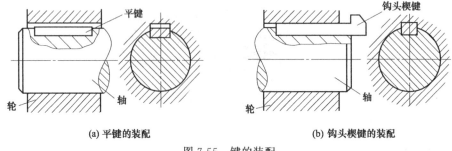

(a) 平键的装配　　　　　　　　(b) 钩头楔键的装配

图 7-55 键的装配

(3) 销连接的装配

圆柱销装配时,先将被连接件紧固在一起进行钻孔和铰孔,然后将销子涂上润滑油,用铜棒把销子打入或压入销孔,如图 7-56 (a) 所示。圆柱销的连接靠销与孔的过盈配合,圆柱销一经拆卸便会失去过盈,需要更换。

圆柱销大部分是定位销,拆卸方便,可在一个孔内拆卸几次而不损坏连接质量。装配时，也是将被连接件紧固在一起钻孔和铰孔，然后用手将销子塞入孔内，用铜棒将销子打紧，如图 7-56（b）所示。

(4) 滚珠轴承装配

滚珠轴承的配合多数具有较小的过盈量，须用手锤或压力机压装，为了使轴承圈受到均匀的压力，要用垫套加压。若是轴承压到轴上的，应通过垫套施力于内圈端面［见图 7-57（a）］；若是轴承压到机体孔中时，则应施力于外圈端面［见图 7-57（b）］；若轴承同时压到轴上和机体孔中时，则内外圈端面应同时加压［见图 7-57（c）］。滚珠轴承更换时，须用拉出器进行拆卸，如图 7-57（d）所示。

若轴承与轴有较大的过盈量时，最好将轴承吊在 80～90℃ 的热油中加热，然后趁热装入。

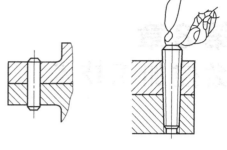

(a) 圆柱销　　　　　　(b) 定位销

图 7-56　销连接装配

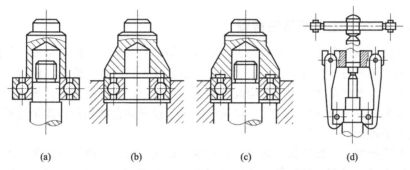

(a)　　　　　(b)　　　　　(c)　　　　　(d)

图 7-57　用垫套压装滚珠轴承及滚珠轴承拉出器的使用

轴承属于较复杂的零件，对装配要求较高，应针对具体的技术要求确定合理的装配方法。装配时需要注意以下方面。

① 装配前应清洗轴承，去除轴承的防锈油脂，保持清洁，将标有代号的端面安装在可见的方向。

② 对于整体式滑动轴承来说，如果过盈量大于 0.1mm，可用加热机油或冷却轴套的方法辅助装配。轴套压入后往往会发生变形，因此需要进行检查，并通过铰孔、刮削等方法来修整，以达到轴套和轴颈间的配合要求。

③ 装配后轴承应运转灵活，无异常声音，并满足有关的其他技术要求。

第8章
数控加工技术

8.1 概述

8.1.1 数控技术诞生与发展的背景

随着科学技术和社会生产的不断进步，机械产品日趋复杂，人们对机械产品的质量和生产率的要求也越来越高。在航空航天、微电子、信息技术、汽车、造船、建筑、军工和计算机技术等行业中，零件形状复杂、结构改型频繁、批量小、零件精度高、加工困难、生产效率低等，已成为日益突出的现实问题。机械加工工艺过程的自动化和智能化是适应上述发展特点的最重要手段。

为解决上述问题，一种灵活、通用、高精度、高效率的"柔性"自动化生产设备——数控机床应运而生了。目前，数控技术已逐步普及，数控机床在工业生产中得到了广泛应用，已成为机床自动化的一个重要发展方向。

数控加工技术的应用是机械制造业的一次技术革命，使机械制造业的发展进入了一个崭新的阶段。由于数控机床综合应用了电子计算机、自动控制、伺服驱动、精密检测与新型机械结构等方面的技术成果，具有高柔性、高精度与高度自动化的特点，因此它提高了机械制造业的制造水平，解决了机械制造中常规加工技术难以解决甚至无法解决的复杂型面零件的加工，为社会提供了高质量、多品种及高可靠性的机械产品，取得了巨大的经济效益。

8.1.2 数控加工的特点

数控加工具有较强的适应性和通用性，能获得更高的加工精度和稳定的加工质量，具有较高的生产效率，能获得良好的经济效益，能实现复杂的运动，能改善劳动条件、提高劳动生产率，便于实现现代化的生产管理。这些特点在《金属切削加工及装备》（吴拓主编．机械工业出版社，2006年1月出版）第7章以及其他如《机床数控技术》等相关教材中均已详细论及，在此不再赘述。

虽然数控机床有上述优点，但初期投资大，维修费用高，对管理及操作人员的素质要求也较高，因此应合理地选择及使用数控机床，提高企业的经济效益和竞争力。

8.1.3 数控机床的应用范围

数控机床是一种高度自动化的机床，有许多一般机床所不具备的优点，所以数控机床的应用范围在不断扩大。但是，数控机床是一种高度机电一体化的产品，技术含量高，成本高，使用及维修都有一定难度，若从效益最优化的技术经济角度出发，数控机床一般适用于加工：

① 多品种、小批量零件。

② 结构较复杂、精度要求较高的零件。

③ 需要频繁改型的零件。

④ 价格昂贵，不允许报废的关键零件。

⑤ 需要最小生产周期的急需零件。

8.1.4 数控机床的分类

数控机床的种类很多，分类方法不一。按所用进给伺服系统的不同可分为以下三类。

(1) 开环数控机床

开环数控机床采用开环进给伺服系统，如图 8-1 所示的是由功率步进电动机驱动的开环进给系统。数控装置根据所要求的进给速度和进给位移，输出一定频率和数量的进给指令脉冲，经驱动电路放大后，每一个进给脉冲驱动功率步进电动机旋转一个步距角，再经减速齿轮、丝杠螺母副，转换成工作台的一个脉冲当量的直线位移。对于圆周进给，一般都是通过减速齿轮、螺杆副带动转台进给一个脉冲当量角位移。开环数控机床不需要位置检测元件，结构简单、成本低，多用于经济型数控机床及普通机床的数控改造。

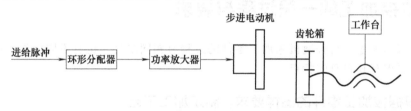

图 8-1 典型的开环进给系统

(2) 闭环数控机床

闭环数控机床的进给伺服系统是按闭环原理工作的。如图 8-2 所示为典型的闭环进给系统。数控装置将位移指令与位置检测装置测得的实际位置反馈信号，随时进行比较，根据其差值与指令进给速度的要求，按一定的规律进行转换后，得到进给伺服系统的速度指令。另一方面，还利用和伺服驱动电动机同轴刚性连接的测速元器件，随时实测驱动电动机的转速，并将得到的速度反馈信号与速度指令信号相比较，其比较的结果即为速度误差信号，对驱动电动机的转速随时进行校正。利用上述的位置控制和速度控制的两个回路，可以获得比开环进给系统精度更高、速度更快、驱动功率更大的特性指标。如图中所示，闭环进给系统的位置检测装置安装在进给系统末端的执行部件上，实测它的位置或位移量。

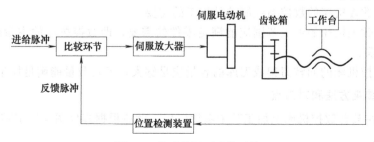

图 8-2 典型的闭环进给系统

(3) 半闭环数控机床

如图 8-3 所示，如果将位置检测装置安装在驱动电动机的端部，或安装在传动丝杠端部，可以间接测量执行部件的实际位置或位移。由于工作台没有完全包括在控制回路内，带动工作台运动的滚珠丝杠误差不能补偿，因而称这种系统为半闭环进给系统。半闭环伺服系统的精度取决于测量元件和机床传动链两者的精度，它的位移精度比闭环系统的低、比开环系统的高，但调试却比闭环容易，成本也比闭环低，所以现在大多数数控机床都采用了这种半闭环进给伺服系统。

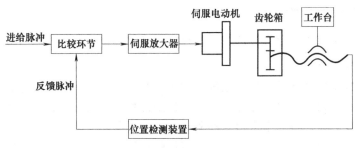

图 8-3 半闭环进给系统

8.2 数控加工的一般过程与要求

数控机床加工零件与普通机床加工零件的过程有相同之处，也有不同之处，因此数控加工的过程和要求有其自身的特点。

8.2.1 根据被加工零件的图样要求，制定加工工艺

在数控机床上加工零件，工序可以比较集中，应尽可能地在一次装夹中完成全部工序。

(1) 确定加工路线

加工路线是指数控机床切削加工过程中，刀具的运动轨迹和运动方向。所选定的加工路线应能保证零件的加工精度与零件表面粗糙度要求；为提高生产率，应尽量缩短加工路线，减少刀具空行程移动时间；为减少编程工作量，还应使数值计算简单，程序段数量少。

(2) 选择机床设备

在选择数控机床时，应根据加工零件的几何形状、加工精度和表面粗糙度做出决定。注意：

① 所选择的数控机床应能满足零件的加工精度要求。

② 在满足精度要求的前提下，应尽量选用一般的数控机床，以降低生产成本。

③ 所选用数控机床的数控系统能满足加工的需要。

④ 所选用数控机床的加工范围应能满足零件的需要，即数控机床的主参数及尺寸参数应满足加工要求。

⑤ 所选数控机床的回转刀架或刀库的容量应足够大，刀具数量能满足加工的需要。

(3) 选择装夹方法和对刀点

当确定了在某台数控机床上加工某个零件以后，就应根据零件图样确定零件在机床上的装夹定位方法。

数控机床应尽量采用已有的通用夹具及组合夹具，必要时可设计专用夹具。装夹零件要

迅速方便，多采用气动、液压夹具以减少机床停机时间。

对刀点是指在数控机床上用刀具加工零件时，刀具相对工件运动的起始点，程序就是从这一点开始的，所以对刀点也叫作"程序原点"。

（4）选择刀具

数控机床所选择的刀具应满足装夹调整方便、刚度好、精度高、耐用度高的要求。

与普通机床相比，数控加工对刀具的选择要严格得多，它常常是专用的。编程时，需预先规定好刀具的结构尺寸和调整尺寸，尤其是自动换刀数控机床（例如加工中心），在刀具装夹到机床上之前，应根据编程时确定的参数，在机床外的预调整装置中调到所需尺寸。

（5）确定切削用量

数控加工中切削用量应根据加工技术要求、刀具耐用度、切削条件等加以确定。

在缺乏数控加工切削用量表格的情况下，亦可参照普通加工切削用量表格确定，所确定的切削用量应是本机床具有的数值。

8.2.2　根据所确定的工艺编制加工程序

用数控机床加工零件，要有一个控制数控机床加工的程序。因而，必须根据零件图样与工艺方案，用数控机床规定的程序格式和指令代码编制零件加工程序单，给出刀具运动的方向和坐标值，以及机床进给速度、主轴启停与正反转、切削液开闭、换刀与夹紧等加工信息，记录在控制介质上。

数控加工程序编制的一般步骤如下。

① 数学处理　根据零件图样的几何尺寸、走刀路径以及设定的坐标系，计算粗、精加工各运动轨迹的坐标值，如运动轨迹起点、终点、圆弧的圆心等。

② 编写加工程序单　根据计算出的运动轨迹坐标值和已确定的运动顺序、切削参数以及辅助动作，按照数控机床规定使用的功能指令代码及程序段格式，逐段编写加工程序单，并附上必要的加工示意图、刀具布置图、机床调整卡、工序卡以及必要说明。

③ 制备控制介质　为了控制数控机床按预定程序加工零件，还必须将程序单的内容通过键盘直接键入数控装置的存储器内存储，或制成穿孔纸带、磁带、磁盘等控制介质。

④ 程序校验与试运行　程序单和所制备的控制介质必须经过校验和试运行，才能正式使用。

程序校验与试运行主要达到两个目的：

a. 检查程序内容及控制介质的制备是否正确，以保证对零件轮廓轨迹的要求。

b. 检查刀具调整及编程计算是否正确，以保证零件加工精度达到图样的要求。

当前可以使用各种加工模拟软件，在计算机上模拟加工以发现问题，避免浪费。这是一种很好的方法。

8.2.3　正式投产

经过试切削、程序的反复调整修改，加工出合格的样件后即可正式投入生产。

8.3　数控加工工艺的主要内容

8.3.1　分析零件情况

① 分析工件在本工序加工之前的情况，如毛坯（半成品）的类型、材料、形状结构特

点、尺寸、加工余量、基准面或孔等情况。

② 了解需要数控加工的部位和具体内容，包括待加工表面的类型、各项精度及技术要求、表面性质、各表面之间的关系等。

③ 分析待加工零件的结构工艺性（可参考《机械制造工艺及机床夹具课程设计指导》一书的有关内容）。

8.3.2 选择加工方法

(1) 数控车削加工的适用范围

① 精度要求高的回转体零件，特别是形状、位置精度和表面粗糙度要求高的回转体零件。

② 表面形状复杂的回转体零件（如具有曲线轮廓和特殊螺纹）。

③ 表面构成复杂的回转体零件（如具有内外多个表面加工）。

(2) 数控铣削加工的适用范围

① 多台阶平面和曲线轮廓平面（如平面凸轮）。

② 曲线轮廓沟槽。

③ 变斜角类零件。

④ 曲面类零件（如曲面型腔）。

(3) 加工中心的适用范围

① 总体来说，加工中心适宜于加工形状复杂、加工内容多、要求较高、需要使用多种类型的普通机床和众多的工艺装备，而且需要多次装夹和调整才能完成加工的零件。

② 根据加工中心种类的不同，适宜的加工对象也不同。以镗铣加工中心为例，它适于加工既有平面又有孔系的箱体类、盘套类零件，结构形状复杂的凸轮类、整体叶轮类、模具类零件，形状不规则的支架、拨叉类零件等。

8.3.3 确定加工顺序，选择机床

(1) 基本原则：先粗后精、先近后远

① 先粗后精，逐步提高加工精度 粗加工将在较短的时间内将工件表面上的大部分加工余量切掉，一方面可以提高金属切除率，另一方面能够满足精加工的余量均匀性要求。若粗加工后所留余量的均匀性满足不了精加工的要求时，则要安排半精加工，以此为精加工做准备。精加工要保证加工精度，按图样尺寸，一刀切出零件轮廓。

② 先近后远 这里所说的远与近，是按加工部位相对于对刀点的距离大小而言的。在一般情况下，离对刀点远的部位后加工，以便缩短刀具移动距离，减少空行程时间。对于车削而言，先近后远还有利于保持坯件或半成品的刚性，改善其切削条件。

(2) 选择合适的成形方式

各类数控加工都有多种成形方式，例如数控车削有阶梯车削和轮廓连续车削方式，数控铣削则有轮廓加工、面加工、参数加工等方式。各种加工方式各有其特点，应根据零件的结构特点和加工要求做合理的选择。

(3) 加工设备的选择

在选择设备时，应遵循既要满足使用要求，又要经济合理的原则。

① 设备的规格要与加工工件相适应，避免过大。

② 设备的生产率应与工件的生产类型相适应。

③ 设备的加工精度应与工件的质量要求相适应。

④ 设备的选择应适当考虑生产发展的需要。

⑤ 设备的选择应尽量立足于国内市场解决，即要满足加工精度和生产率的要求，又要考虑经济性。

按性能与经济性，数控机床可分为以下几类。

① 低档数控机床　也称经济型数控机床。其特点是根据实际的使用要求，合理地简化系统，以降低产品价格。目前，我国经济型数控系统的技术指标通常为：脉冲当量 $0.01\sim$ $0.005\mathrm{mm}$，快进速度 $4\sim10\mathrm{m/min}$，开环步进电动机驱动，用简单 CRT 显示，主 CPU 一般为 8 位或 16 位。

② 中档数控机床　中档数控机床的技术指标通常为：脉冲当量 $0.005\sim0.001\mathrm{mm}$，快进速度 $15\sim24\mathrm{m/min}$，伺服系统为半闭环直流或交流伺服系统，有较齐全的 CRT 显示，可以显示字符和图形，具有人机对话、自诊断等功能，主 CPU 一般为 16 位或 32 位。

③ 高档数控机床　也称全机能型数控机床。高档数控机床技术指标为：脉冲当量 $0.001\sim$ $0.0001\mathrm{mm}$，快进速度 $15\sim100\mathrm{m/min}$，伺服系统为闭环的直流或交流伺服系统，CRT 显示除具备中档数控机床的功能外，还具有三维图形显示等功能，主 CPU 一般为 32 或 64 位。

8.3.4　工序划分

在数控机床上加工零件，工序可以比较集中。在一次装夹中，应尽可能完成全部工序。与普通机床加工相比，数控机床的加工工序划分有其自己的特点。数控机床常用的工序划分方法如下。

① 按粗精加工划分工序　考虑到零件形状、尺寸精度以及工件刚度和变形等因素，可按粗精加工分开的原则划分工序，先粗加工，后精加工。粗加工后工件的变形需要一段时间恢复，最好不要紧接着粗加工安排精加工。

② 按先面后孔的原则划分工序　在工件上既有面加工，又有孔加工时，可先加工面，后加工孔，这样可以提高孔的加工精度。

③ 按所用刀具划分工序　为了减少换刀次数，缩短空程时间，减少不必要的定位误差，多采用按刀具划分工序的方法。即将工件上需要用同一把刀加工的部位全部加工完之后，再换另一把刀来加工。

8.3.5　工件装夹

数控机床上应尽量采用通用夹具与组合夹具，必要时可以设计专用数控夹具。无论是采用组合夹具还是设计专用夹具，一定要考虑数控机床的特点。在数控机床上加工工件，由于工序集中，往往是在一次装夹中就要完成全部工序，因此对夹紧工件时的变形要给予足够的重视。此外，还应注意协调工件和机床坐标系的关系。应注意以下几点。

(1) 选择合适的定位方式

① 夹具在机床上的装夹位置为定位基准，应与设计基准一致，即所谓基准重合原则。

② 所选择的定位方式应具有较高的定位精度，没有过定位干涉现象且便于工件的安装。

③ 为了便于夹具或工件的装夹找正，最好以工作台某两个面定位。对于箱体类工件，最好采用一面两销定位。

④ 若工件本身无合适的定位孔和定位面，可以设置工艺基准面和工艺用孔。

(2) 确定合适的夹紧方法

考虑夹紧方案时，要注意夹紧力的作用点和方向。夹紧力作用点应靠近主要支承点或在支承点所组成的三角形内，应力求靠近切削部位及刚性较好的地方。

（3）夹具结构要有足够的刚度和强度

夹具的作用是保证工件的加工精度，因此要求夹具必须具备足够的刚度和强度，以减小其变形对加工精度的影响。特别是对于切削用量较大的工序，夹具的刚度和强度更为重要。

8.3.6 编制工艺

所谓编制工艺，就是确定每道工序的加工路线。由于同一工件的加工工艺可能会出现各种不同的方案，应根据实际情况和具体条件，采用最完善、最经济、最合理的工艺方案。

编制工艺要根据工件的毛坯形状和材料的性质等因素决定。这些因素和工件的尺寸精度是选择加工余量的决定因素，可以依据工件的精度、尺寸、形位公差和技术要求编制工艺规程。制定数控加工工艺除考虑上节所述的一般工艺原则外，还应考虑充分发挥所用数控机床的功能，要求走刀路线要短、走刀次数和换刀次数尽可能少、加工安全可靠等。

（1）进给路线的确定

在数控机床加工过程中，进给路线的确定是非常重要的，它与工件的加工精度和粗糙度直接相关。所谓进给路线就是数控机床在加工过程中刀具中心的移动路线。确定进给路线，就是确定刀具的移动路线。

① 数控车削进给路线的确定　确定数控车削进给路线的工作重点，主要在于确定粗加工及空行程的进给路线，精加工切削过程的进给路线基本上都是沿其零件设计图确定的轮廓顺序进行的。

车削进给路线泛指刀具从对刀点（或机床固定原点）开始运动起，直至返回该点并结束加工程序所经过的路径，包括切削加工的路径及刀具切入、切出等非切削空行程。其基本原则是：

a. 力求空行程路线最短。可通过巧用起刀点，将起刀点与其对刀点重合在一起；巧设换（转）刀点，如果将第二把刀的换刀点也设置在合适的位置上，则可缩短空行程距离；合理安排"回零"路线。在手工编制较为复杂轮廓的加工程序时，为使其计算过程尽量简化，既不出错，又便于校核，编制者（特别是初学者）有时将每一刀加工完后的刀具终点通过执行"回零"（即返回对刀点）指令，使其全都返回到对刀点位置，然后再执行后续程序。这样会增加进给路线的距离，从而大大降低生产效率。因此，在合理安排"回零"路线时，应使其前一刀终点与后一刀起点间的距离尽量减短（或者为零），即可满足进给路线为最短的要求。另外，在选择返回对刀点指令时，在不发生加工干涉现象的前提下，宜尽量采用 x、y 坐标轴双向同时"回零"指令，此时的"回零"路线将是最短的。

b. 力求切削进给路线最短。切削进给路线为最短，可有效地提高生产效率，同时降低刀具的损耗。在安排粗加工或半精加工的切削进给路线时，应同时兼顾到被加工零件的刚性及加工的工艺性等要求，不要顾此失彼。

② 数控铣削进给路线的确定　数控铣削加工中进给路线对零件的加工精度和表面质量有直接的影响，因此，确定好进给路线是保证铣削加工精度和表面质量的工艺措施之一。进给路线的确定与工件表面状况、要求的零件表面质量、机床进给机构的间隙、刀具耐用度以及零件轮廓形状等有关。下面针对铣削方式和常见的几种轮廓形状来讨论进给路线的确定问题。

a. 顺铣和逆铣的选择。铣削有顺铣和逆铣两种方式。当工件表面无硬皮、机床进给机构无间隙时，应选用顺铣，按照顺铣安排进给路线。因为采用顺铣加工后，零件已加工表面质量好，刀齿磨损小。精铣时，尤其是零件材料为铝镁合金、钛合金或耐热合金时，应尽量采用顺铣。当工件表面有硬皮、机床的进给机构有间隙时，应选用逆铣，按照逆铣安排进给路线。因为逆铣时，刀齿是从已加工表面切入，不会崩刃；机床进给机构的间隙不会引起振动和爬行。

b. 铣削内外轮廓的进给路线。铣削平面零件外轮廓时，一般是采用立铣刀侧刃切削。刀具切入零件时，应避免沿零件外轮廓的法向切入，以避免在切入处产生刀具的刻痕，而应沿切削起始点延伸线或切线方向逐渐切入工件，保证零件曲线的平滑过渡。同样，在切离工件时，也应避免在切削终点处直接抬刀，要沿着切削终点延伸线或切线方向逐渐切离工件。

c. 铣削内槽的进给路线。所谓内槽是指以封闭曲线为边界的平底凹槽，一般用平底立铣刀加工，刀具圆角半径应符合内槽过渡圆角的图样要求。可用行切法（不抬刀、纵向或横向连续进给）、环切法以及综合法（前两种方法的复合）加工内槽。前两种进给路线都能切净内腔中全部面积，不留死角，不伤轮廓，同时能尽量减少重复进给的搭接量。它们的不同点是：行切法的进给路线比环切法短，但行切法在每两次进给的起点与终点间留下了残留面积，达不到所要求的表面粗糙度值；用环切法获得的表面粗糙度要好于行切法，但环切法要逐次向外扩展轮廓线，刀位点计算稍微复杂一些。综合法综合了行切法、环切法的优点，采取先用行切法切去中间部分余量，最后用环切法切一刀，既能使总的进给路线较短，又能获得较小的表面粗糙度值。

d. 铣削曲面的进给路线。对于边界敞开的曲面加工，可采用行切法进给路线。刀位点计算简单，程序少，加工过程符合直纹面的形成原理，可以准确保证母线的直线度。确定进给路线要考虑到干涉问题，此处不过多讨论。

③ 加工中心进给路线的确定 加工中心上刀具的进给路线可分为孔加工进给路线和铣削加工进给路线。铣削进给路线的确定同上，这里只说明孔加工进给路线的确定。

孔加工时，一般是首先将刀具在 x-y 平面内快速定位运动到孔中心线的位置上，然后刀具再沿 z 向（轴向）运动进行加工。所以孔加工进给路线的确定包括：

a. 确定 x-y 平面内的进给路线。孔加工时，刀具在 x-y 平面内的运动属点位运动，确定进给路线时，应主要考虑：定位要迅速，也就是在刀具不与工件、夹具和机床碰撞的前提下空行程时间尽可能短；定位要准确，安排进给路线时，要避免机械进给系统反向间隙对孔位精度的影响。

定位迅速和定位准确有时难以同时满足，这时应抓主要矛盾，若按最短路线进给能保证定位精度，则取最短路线；反之，应取能保证定位准确的路线。

b. 确定 z 向（轴向）的进给路线。刀具在 z 向的进给路线分为快速移动进给路线和工作进给路线。刀具先从初始平面快速运动到距工件加工表面一定距离的某一平面上，然后按工作进给速度运动进行加工。对多孔加工，为减少刀具空行程进给时间，加工中间孔时，刀具不必退回到初始平面，只要退到该平面上即可。

(2) 加工余量的选择

加工余量的大小等于每个中间工序加工余量的总和。工序间的加工余量的选择应根据下列条件进行。

① 应有足够的加工余量，特别是最后的工序，加工余量应能保证达到图样上所规定的精度和表面粗糙度值要求。

② 应考虑加工方法和设备的刚性，以及工件可能发生的变形。过大的加工余量反而会由于切削抗力的增加而引起工件变形加大，影响加工精度。

③ 应考虑到热处理引起的变形，否则可能产生废品。

④ 应考虑工件的大小。工件越大，由切削力、内应力引起的变形亦会越大，加工余量

也要相应地大一些。

⑤ 在保证加工精度的前提下，应尽量采用最小的加工余量总和，以求缩短加工时间，降低加工费用。

（3）数控机床用刀具的选择

数控机床具有高速、高效的特点。一般来说，数控机床主轴转速要比普通机床主轴转速高1～2倍。因此，对数控机床用刀具的要求要比普通机床用刀具严格得多。刀具的强度和耐用度是人们十分关注的问题。近几年来，一些新刀具相继出现，使机械加工工艺得到了不断更新和改善。选用刀具时应注意以下几点。

① 在数控机床上铣削平面时，应采用镶装可转位硬质合金刀片的铣刀。一般采用两次走刀，一次粗铣，一次精铣。连续切削时，粗铣刀直径要小一些，精铣刀直径要大一些，最好能包容待加工面的整个宽度。加工余量大且加工面又不均匀时，刀具直径要选得小些，否则粗加工时会因接刀刀痕过深而影响加工质量。

② 高速钢立铣刀多用于加工凸台和凹槽，最好不要用于加工毛坯面，因为毛坯面有硬化层和夹砂现象，刀具会很快被磨损。

③ 加工余量较小并且要求表面粗糙度值较低时，应采用镶立方氮化硼刀片的端铣刀或镶陶瓷刀片的端铣刀。

④ 镶硬质合金的立铣刀可用于加工凹槽、窗口面、凸台面和毛坯表面。

⑤ 镶硬质合金的立铣刀可以进行强力切削，用于铣削毛坯表面和孔的粗加工。

⑥ 精度要求较高的凹槽加工时，可以采用直径比槽宽小一些的立铣刀，先铣槽的中间部分，然后利用刀具半径补偿功能铣削槽的两边，直到达到精度要求为止。

⑦ 在数控铣床上钻孔，一般不采用钻模；钻孔深度为直径的5倍左右的深孔加工容易折断钻头，应注意冷却和排屑。钻孔前最好先用中心钻钻一个中心孔或用一个刚性好的短钻头锪窝引正。锪窝除了可以解决毛坯表面钻孔引正问题外，还可以代替孔口倒角。

（4）切削用量的确定

确定数控机床的切削用量时一定要根据机床说明书中规定的要求，以及刀具的耐用度去选择，当然也可以结合实际经验采用类比法去确定。确定切削用量时应注意以下几点：

① 要充分保证刀具能加工完一个工件或保证刀具寿命不低于一个工作班，最少也不低于半个班的工作时间。

② 背吃刀量主要受机床刚度的限制，在机床刚度允许的情况下，尽可能使背吃刀量等

表 8-1　数控加工工序卡片

工厂	数控加工工序卡片		产品名称	零件名称	毛坯材料	零件图号
工序号	程序编号	夹具名称	夹具编号	设备名称与编号		车间
工步号	工步内容	加工面	刀具编号	刀具规格	主轴转速/ $r \cdot min^{-1}$	进给速度/ $mm \cdot min^{-1}$	背吃刀量/ mm	备注
1								
2								
3								
编制		审核		批准			共　页第　页

于工件的加工余量，这样可以减少走刀次数、提高加工效率。

③ 对于表面粗糙度值小和精度要求高的零件，要留有足够的精加工余量。数控机床的精加工余量可比普通机床小一些。

④ 主轴的转速 S 要根据切削速度 v_c 来选择。

⑤ 进给速度 v_f 是数控机床切削用量中的重要参数，可根据工件的加工精度和表面粗糙度值要求，以及刀具和工件材料的性质选取。

(5) 填写工艺文件

按加工顺序将各工序内容、使用刀具、切削用量等填入如表 8-1 所示的数控加工工序卡片中；将选定的刀具型号、刀片型号与牌号及主要参数等填入如表 8-2 所示的数控加工刀具卡片；将各工步的进给路线绘成进给路线图（见表 8-3）。

表 8-2　数控加工刀具卡片

产品名称		零件名称		零件图号		程序号	
工步号	刀具号	刀具名称	刀柄型号	刀具参数		补偿量/mm	备注
				直径/mm	刀长/mm		
编制		审核		批准		共　页第　页	

表 8-3　某零件周边轮廓铣削加工进给路线图

数控机床进给路线图		零件图号		工序号		工步号	1	程序编号	
机床型号		程序段号		加工内容		铣型面轮廓周边 $R5\text{mm}$		共 3 页	第 1 页

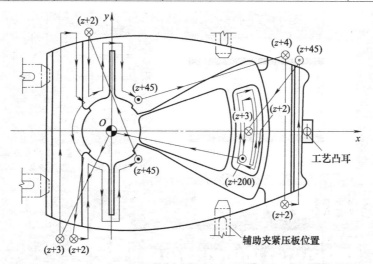

符号	⊙	⊗	🌐	•→	⇌	⇄	•–•	↗•	⇉	→	⊡
含义	抬刀	下刀	程编原点	超始	进给方向	进给线相交	爬斜坡	钻孔	行切	轨迹重叠	回切

（图中标注：编程、校对、审批）

上述"二卡一图"构成了一份完整的数控加工工艺文件。可将之作为编制数控加工程序的主要依据。

8.4 数控机床与编程实习应用举例

8.4.1 数控车床复杂零件的编程及加工

(1) 实习目的与要求

① 了解数控车床的面板操作、对刀及编程原点设定方法。

② 了解典型零件的数控车削加工工艺。

③ 掌握直线、圆弧、螺纹、复合循环、刀偏及半径补偿等编程指令的用法。

④ 掌握对指定零件数控编程、输入数控车床并进行自动加工的方法。

(2) 实验仪器与设备

① 配备西门子 802C 数控系统的 CK0638 卧式车床一台。

② 尼龙棒一根（长 150～200mm，直径 26mm）。

③ 深度游标卡尺、游标卡尺、外径千分尺各一把。

④ 外圆车刀、螺纹车刀、切断刀各一把。

(3) 数控机床操作原理

① 数控机床的组成　数控机床由计算机数控系统和机床本体两部分组成。计算机数控系统主要包括输入/输出设备、CNC 装置、伺服单元、驱动装置和可编程逻辑控制器（PLC）等。

② CK0638 数控车床的操作。

a. Sinumerik 802C 数控系统操作面板如图 8-4 所示，各按键功能如下。

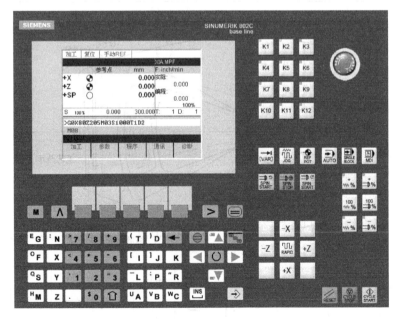

图 8-4　数控系统操作面板

NC键盘区(左侧):

	软键		垂直菜单键
	加工显示键		报警应答键
	返回键		选择/转换键
	菜单扩展键		回车/输入键
	区域转换键		上档键
	光标向上键 上档:向上翻页键		光标向下键 上档:向下翻页键
	光标向左键		光标向右键
	删除键(退格键)		空格键(插入键)
	数字键 上档键转换对应字符		字母键 上档键转换对应字符

机床控制面板区域(右侧):

	复位键		主轴反转
	程序停止键		主轴停
	程序启动键		快速运行叠加
	用户定义键,带LED		X轴点动
	用户定义键,不带LED		Z轴点动
	增量选择键		轴进给正, 带LED
	点动键		轴进给100%, 不带LED
	回参考点键		轴进给负, 带LED
	自动方式键		主轴进给正, 带LED
	单段运行键		主轴进给100% 不带LED

b. Sinumerik 802C 数控系统软件主操作界面如图 8-5 所示。

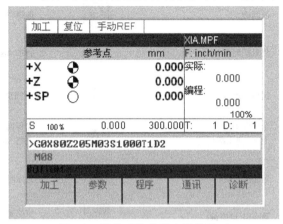

图 8-5 数控系统软件主操作界面

c. Sinumerik 802C 数控系统软件的菜单结构及基本功能如图 8-6 所示。

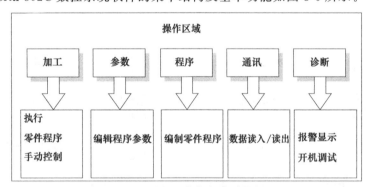

图 8-6 数控系统软件菜单结构

其中最重要的软按键功能如图 8-7 所示。

(4) 实习内容

① 开机回参考点 操作步骤如下：

a. 接通 CNC 和机床电源系统，启动以后按 键进入回参考点功能。

b. 按住 +X 按钮进行 X 方向回零，直至屏幕显示 表示 X 方向回零完成。

c. 按住 +Z 按钮进行 Z 方向回零，直至屏幕显示 表示 Z 方向回零完成。

d. 回零完成后，+X、+Z 后的机床坐标均被置零。

② 装夹加工所需刀具及加工棒料 注意棒料的装夹长度应满足加工要求。

③ 手动试切对刀，设定编程原点及各刀具补偿参数 操作步骤如下：

a. 先切换到 JOG 模式，按 键进入主功能显示，然后依次按软键“参数”“刀具补偿”进入如图 8-8 所示的界面。

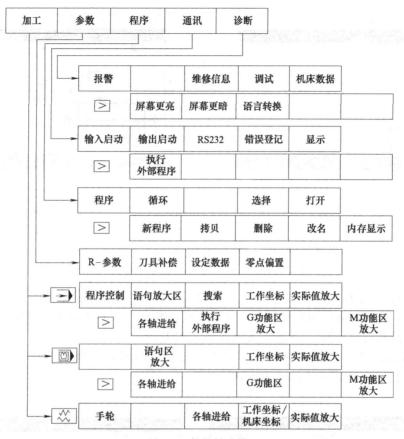

图 8-7　软按键功能

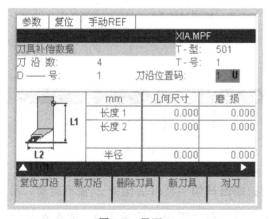

图 8-8　界面 1

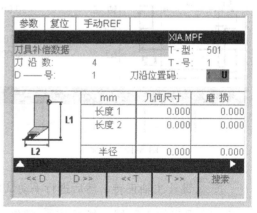

图 8-9　界面 2

b. 按软按键 ➤ 进入如图 8-9 所示的界面，通过 "＜＜D" "D＞＞" "＜＜T" 和 "T＞＞" 软键检查已有的刀具号和补偿号。如果没有要用的刀具号则按软键 ➤ 回到上一界面，通过软键 "新刀具" 功能新建所需的刀具号和刀具型号，普通车床刀具 "T-型" 设为 500，如图 8-10 所示。

c. 建好加工程序所需刀具后，开始进行刀偏设定及对刀，按 ⊞ 进入到手动运行模式，然后按软键 "对刀" 进入如图 8-11 所示的界面。

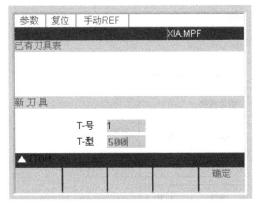

图 8-10　界面 3

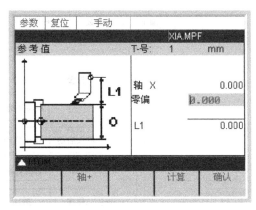

图 8-11　界面 4

d. 首先进行 X 方向试切对刀，按 键让主轴正转，然后试切外圆，切深必须小于根据零件图和毛坯大小所确定的能够切削的最大厚度以避免过切，切削距离以方便测量为宜；切削完成后保持 X 方向不变，以 +Z 方向移动退出加工位置以方便测量尺寸，然后按 键停止主轴旋转，测量所车外圆直径大小，并输入到如图 8-11 所示界面中的"零偏"后的输入框中，依次按软键"计算""确认"完成 X 方向对刀。

e. 然后进行 Z 方向对刀，按软键"对刀"，然后按如图 8-11 所示界面中的软键"轴＋"进入到图 8-12 所示的界面进行 Z 方向试切对刀。

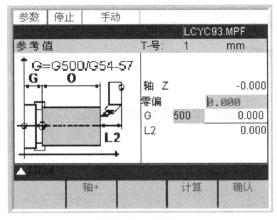

图 8-12　界面 5

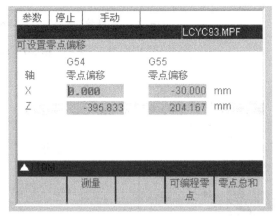

图 8-13　界面 6

按 键让主轴正转，然后进行手动试切端面；端面试切平整以后保持 Z 轴不运动，沿 +X 方向退出加工区域；然后按 键停止主轴旋转，在"零偏"后输入 0，依次按软键"计算""确认"，完成 Z 方向对刀。

f. 其他刀具对刀和上面步骤类似，但对刀前要在如图 8-9 所示界面中通过"＜＜T""T＞＞"软键切换到正确的刀具号再进行对刀。

注意：对刀方法根据对刀原理有好几种方法，以上对刀方法在数控程序中无需使用 G54～G57 指令（西门子 802C 系统只提供了 G54～G57 四个编程原点设定指令，和 FANUC 系统有所不同）设定编程原点就能直接利用机床坐标和各刀具刀偏进行加工，但在工件夹持长度发生变化后所有的刀具均需重新进行对刀才能正确加工，比较费时。如果使用

G54～G57 编程原点设定指令进行编程加工，则必须设定基准刀刀位点到编程原点的机械坐标（设定方法是：依次按软键"参数""零点偏移"进入如图 8-13 所示的界面进行设置，同时基准刀的刀偏应置零）。其他刀具的刀偏都应该是相对基准刀的偏差值，在工件夹持长度发生变化后，只需改变基准刀刀位点到编程原点的机械坐标设定值，无需修改各刀偏就能直接加工，只有在刀具磨损、重新装夹后才需重新设定刀偏，比较方便。

④ 对给出的零件图纸进行工艺分析　下面以一零件（见图 8-14）为例进行分析。

a. 技术要求。毛坯为 $\phi60$mm × 120mm 的棒料，粗加工每次进给深度为 2mm，进给量为 0.25mm/r，精加工余量 X 向为 0.4mm、Z 向为 0.1mm，切断刀宽为 3mm，程序编程原点如图所示。

注意：根据实际测出来的切断刀宽度，应对切槽切断部分的程序做少许变动。

b. 加工工艺的确定。加工顺序和步骤推荐先平端面，再粗车外形，然后精车外形，最后切槽、切断。

⑤ 对加工走刀路线进行数值计算。

⑥ 按照该数控系统指令格式进行数控编程　对零件一进行数控加工的参考程序如下所示。

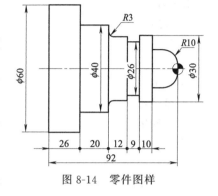

图 8-14　零件图样

注：其他零件由学生任意挑选，也可以由学生找一些典型零件来分组进行独立的编程加工。

主程序：

LIU. MPF

G54G0X100Z300　　　　　　　　S800M3M8

G94

T1D1

G0X65Z0　　　　　　　　　　　G0X65

G1X－1F30　　　　　　　　　　Z－95

G0Z2　　　　　　　　　　　　　G1X1F30

X60　　　　　　　　　　　　　　G0X65

　CNAME＝" L10"　　　　　　　X200Z300

R105＝1.000R106＝0.25　　　　M9

R108＝1.000R109＝5.000　　　　M5

R110＝1.00R111＝0.300　　　　 M2

R112＝0.1

LCYC95

M9

G0X100Z300M5

T2D1

S1000M3M8

G0X60Z2

R105＝5.000R106＝0

LCYC95

M05M09

G0X100Z300

T3D1

S500M3M8

G0X35

Z-34

G1X26F30

G0X35

Z-31

G1X26

G0X35

Z-28

G1X26

子程序:

L10. SPF

G0Z2

G0X0

G1Z0F0. 2

G3X20Z-10CR=10

G1Z-15

X30

Z-43

G2X36Z-46CR=3

G1X40

Z-66

X60

Z-95

M2

⑦ 输入数控程序。

操作步骤如下:

a. 按 程序 键,显示 NC 中已经存在的程序目录。

b. 按 ＞ → 新程序 键,出现一对话窗口 (见图 8-15),在此输入新的程序名称,在名称后输入扩展名 (. mpf 或 . spf),默认为 * . mpf 文件。注意:程序名称前两位必须为字母。

c. 按 确定 键确认输入,生成新程序,现在就可以对新程序进行编辑了。

d. 依次按 ＞ → 关闭 键结束程序的编制,这样才能返回到程序目录管理层。

⑧ 零件程序的修改——"程序"运行方式 零件程序不处于执行状态时,可以进行编辑。

操作步骤如下:

a. 在主菜单下选择 程序 键,出现程序目录窗口 (见图 8-16)。

b. 用光标键 ▲ ▼ 选择待修改的程序。

c. 按 打开 键,屏幕上出现所要修改的程序,现在可修改程序。

d. 依次按 ＞ → 关闭 键结束程序的修改,这样才能返回到程序目录管理层。

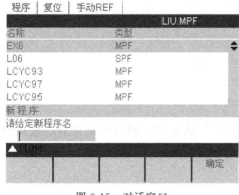

图 8-15　对话窗口

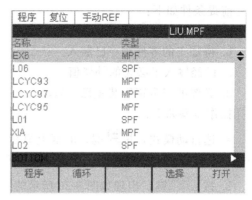

图 8-16　程序目录窗口

⑨ 选择和启动零件程序——"加工"操作区。

注意：启动程序之前必须要调整好系统和机床以保证安全。

操作步骤如下：

a. 按 ⇥ 键选择自动模式。

b. 按 程序 键打开程序目录窗口（见图 8-17）。

c. 在第一次选择"程序"操作区时会自动显示"零件程序和子程序目录"。用光标键 ▲ ▼ 把光标定位到所选的程序上。

d. 用 选择 键选择待加工的程序，被选择的程序名称显示在屏幕区"程序名"下。

e. 用 打开 键打开选择待加工的程序。

⑩ 程序段搜索——"加工"操作区。

前提条件：程序已经选择。

操作步骤如下：

a. 按 搜索 键，根据提示输入内容，自动搜索并显示所需的零件程序（见图 8-18）。

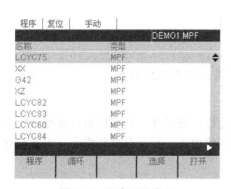

图 8-17　程序目录窗口

| 加工 | 复位 | 自动 | ROV |

EX10.SPF

搜索方式　　　　　1

N010G40G90G57G0X80Y0Z10
N020M3S1000
N030M8
N040G01Z-10F500
N050G41D01X50Y0
N060Y-50
N070X-50
N070Y50

| 搜索 | 搜索
断点 | 继续
搜索 | | 启动日
搜索 |

图 8-18　自动搜索并显示所需要的零件程序

b. 执行程序搜索功能 启动日
搜索 ，关闭搜索窗口。

搜索结果：窗口显示所搜索到的程序段。

⑪ 自动运行　在自动方式下零件程序可以完全自动地执行加工工艺，这也是零件加工中正常使用的方式。

前提条件如下：

a. 已经回参考点。

b. 待加工的零件程序已装入。

c. 已经输入了必要的补偿值。

d. 必要的安全锁定装置已经启动。

操作步骤如下：

a. 选自动模式，按 ![AUTO] 键。屏幕上显示"自动方式"状态图，同时显示位置、进给值、主轴值、刀具值以及当前的程序段（见图 8-19）。

b. 按 ![程序控制] 键，出现如图 8-20 所示的界面。

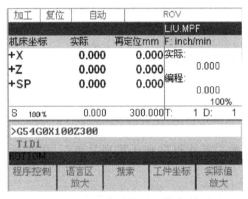

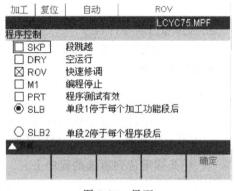

图 8-19 "自动方式"状态图   图 8-20 界面

c. 通过选择/转换键 ![○]，选择控制程序的方式。

d. 按区域转换键 ![=]，回主菜单。

e. 按程序键 ![程序]，用光标键 ![▲] ![▼] 选择要加工的程序。

f. 按选择键 ![选择]，调出加工的程序，按打开键 ![打开] 可编辑修改程序。

g. 按单步执行键 ![SingleBlc]，选择单步执行加工。

h. 按 ![CycleStart] 键，启动加工程序。

⑫ 验校程序无误后进行自动加工。

⑬ 测量最终加工的零件是否合格，并分析误差原因。如图 8-21 所示。

(5) 实习分析与结论

数控机床最适合加工该类复杂零件，其产品一致性好、质量高，效率更是比普通机床高出许多，且对工人的技能要求不高。对于余量较大毛坯的加工，用复合循环指令可大大简化程序。

8.4.2 数控铣床复杂零件的编程及加工

(1) 实习目的与要求

① 掌握数控铣床加工中的基本操作技能。

② 掌握开关机步骤及坐标轴回参考点的操作方法。

③ 掌握数控铣床刀具的装卸方法。

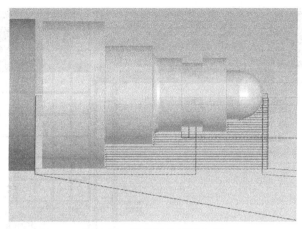

图 8-21　测量零件是否合格

④ 熟练掌握手动运行的各种方法及运行状态的数据设定方法。

⑤ 熟练掌握 MDA 运行方式。

⑥ 掌握辅助指令、主轴指令及相关 G 代码准备功能指令的使用。

(2)　实验仪器与设备

① 配备西门子 802S 数控系统的 XK713 数控铣床一台。

② 方形毛坯一块（规格根据所加工零件定）。

③ 游标卡尺、塞尺各一把，标准棒芯一根。

④ 立铣刀一把。

(3)　实习原理

① 数控机床简介。

a. 性能特点。该铣床可配置西门子系统，由交流伺服电机驱动；整体采用模块化设计，外形美观，精度高，噪声低，性能稳定；该机床布局合理，采用整体铸铁床脚结构，机床导轨经过超音频淬火处理；主轴采用变频器无级调速，能实现铣、镗、钻、攻丝等切削运动，适合于形状复杂的凸轮、样板、模具的加工；对于较复杂的零件，可通过 CAD/CAM 形成加工程序，传送给前台数控系统，进行加工实现。

b. 技术参数如表 8-4 所示。

表 8-4　技术参数

1	工作台尺寸 1270mm×320mm	6	最大快移速度 6000mm/min
2	工作台三向行程 700mm×400mm×400mm	7	最小设定单位 0.001mm
3	主轴转速 40～4000rpm（变频）	8	定位精度 0.02mm
4	主轴功率 4kW	9	重复定位精度 0.005mm
5	主轴锥度 7:24	10	机床净重 3000kg

② XK713 数控铣床的操作。

8.4.3　机床的操作面板与控制面板

机床操作面板位于窗口的右侧，如图 8-22 所示。该面板主要用于控制机床的运动和选择机床运行状态，由模式选择按钮、数控程序运行控制开关等多个部分组成，每一部分的详细说明如表 8-5 所示。

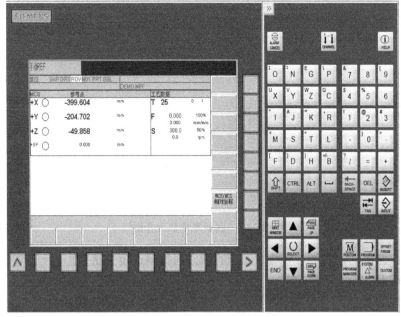

图 8-22　机床的操作面板与控制面板

表 8-5　面板按键说明

802D 铣床面板

MDA 直接通过操作面板输入数控程序和编辑程序		AUTO 进入自动加工模式
JOG 手动模式,手动连续移动各轴		REF 回参考点模式
VAR 增量选择		SINGL 自动加工模式中,单步运行
SPINSTAR 主轴正转		SPINSTAR 主轴反转

	SPINSTP 主轴停止		RESET 复位键
	CYCLESTAR 循环启动		CYCLESTOP 循环停止
	RAPID 快速移动		选择/转换键(当光标后有 **U** 时使用)
	方向键:选择要移动的轴		紧急停止旋钮
	主轴速度调节旋钮		进给速度(F)调节旋钮
	返回键		菜单扩展键
	报警应答键		通道转换键
	信息键		上档键
	控制键		ALT 键
	空格键		删除键(退格键)
	删除键		插入键
	制表键		回车/输入键
	加工操作区域键		程序操作区域键
	参数操作区域键		程序管理操作区域键
	报警/系统操作区域键		未使用
	翻页键		光标键
	数字键,上档键转换对应字符		字母键,上档键转换对应字符

8.4.4 数控系统操作

（1）开机

操作步骤：接通机床电源，系统启动以后进入"加工"操作区"JOG REF"模式，出现"回参考点窗口"。

回参考点——"加工"操作区

注意："回参考点"只有在 REF 回参考点模式下可以进行。

操作步骤如下：

① 按 ⟦Ref Pot⟧ 键，按顺序点击 ⟦+Z⟧ ⟦+X⟧ ⟦+Y⟧，即可自动回参考点。

② 在"回参考点"窗口中显示该坐标轴是否回参考点：

○ 坐标未回参考点

◕ 坐标已到达参考点

（2）"JOG"模式——"加工"操作区

功能：在"JOG"模式中，可以移动机床各轴。

操作步骤如下：

① 选择 ⟦Jog⟧ JOG 模式。按方向键 ⟦-X⟧ ⟦-Y⟧ ⟦-Z⟧ ⟦+X⟧ ⟦+Y⟧ ⟦+Z⟧ 可以移动三轴。这时，移动速度由进给旋钮控制。

② 如果按 ⟦Rapid⟧ 键，则三轴快速移动，再按一次取消快速移动。

③ 连续按 ⟦VAR⟧ 键，在显示屏幕左上方显示增量的距离（1INC、10INC、100INC、1000INC，1INC=0.001mm），三轴以增量移动。

（3）手动脉冲方式

在手动/连续加工或在对刀时需精确调节机床，可用手动脉冲方式调节机床。如图 8-23 所示。

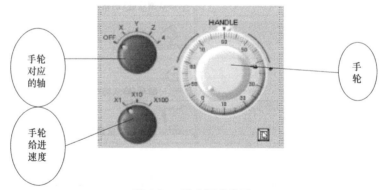

图 8-23　手动调节界面

操作步骤如下：

① 选择"手轮" ⟦手轮方式⟧ 运行方式。

② 选择 X、Y 或 Z 轴，调节手轮旋转移动距离。

（4）编程设定数据

利用设定数据键可以设定运行状态，并在需要时进行修改。操作步骤
OFFSET PARAM：通过按"参数操作区域"键和"零点偏移"软键选择设定数据。

设定数据：在按下"设定数据"键后进入下一级菜单，在此菜单中可以对系统的各个选件进行设定。如图 8-24 所示。

JOG 进给率：在 JOG 状态下的进给率设定。如果该进给率为零，则系统使用机床参数中存储的数值。

主轴转速设定：主轴转速最小值/最大值是主轴转速的限制（G26 最大/G25 最小），只可以在机床数据所规定的极限范围内进行设定。

可编程主轴极限值：在恒定切削速度（G96）时可编程的最大速度（LIMS）。

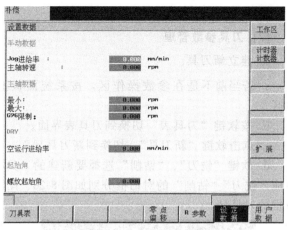

图 8-24　"设定数据"状态图

空运行送给率：在自动方式中若选择空运行进给功能，则程序不按编程的进给率执行，而是执行参数设定值的进给率，即在此输入的进给率。

螺纹切削开始角（SF）：在加工螺纹时主轴有一起始位置作为开始角，当重复进行该加工过程时，就可以通过改变此开始角切削多头螺纹。

(5) R 参数

"R 参数"窗口中列出了系统中所用到的所有 R 参数，需要时可以修改这些参数。若当前不是在参数操作区，按"参数操作区域键" OFF 和按软键"R 参数"进入 R 参数修改界面，如图 8-25 所示，利用 ↑ ↓ → ← 或翻页键 ▭ ▭ 移动至要输入的位置按"数字键"输入数据，然后按输入键 ◆ 或移动光标到其他位置来确认输入。也可利用"搜索"软键，输入要搜索的 R 参数的索引号，按"确认"或输入键进行确认以查找 R 参数。

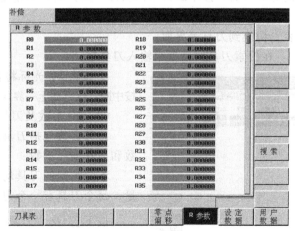

图 8-25　R 参数修改界面

注：R 参数从 R0～R299 共有 300 个

输入数据范围：±（0.0000001～99999999）。

若输入数据超过范围后，自动设置为允许的最大值。

(6) 加工中心刀具的装卸

① 用锁刀器安装或拆卸刀具。

② 在机床上装刀、换刀。

(7) 刀具参数管理

① 建立新刀具。

a. 若当前不是在参数操作区，按系统面板上的"参数操作区域键" |OFF|，切换到参数区。

b. 按软键"刀具表"切换到刀具表界面。

c. 点击软键"新刀具"，切换到新刀具界面。

d. 软键"铣刀"、"钻削"选择要新建的刀具类型，系统弹出新刀具对话框（图 8-26），对应"铣刀""钻削"的对话框分别如图 8-26、图 8-27 所示。在对话框中输入要创建的刀具数据的刀具号。

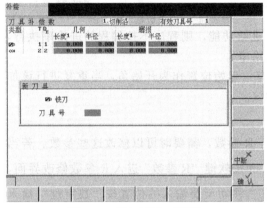

图 8-26　"新刀具"对话框

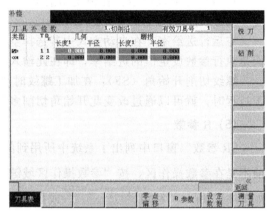

图 8-27　"铣刀、钻削"选择对话框

e. 按确认，则创建对应刀具；按中断则返回新刀具具界面，不创建任何刀具。

② 搜索刀具。

a. 按软键"刀具表"切换到刀具表界面。

b. 按软键"搜索"，在搜索刀具对话框中输入刀具号。

图 8-28　刀具清单

c. 按确认，光标将自动移动到相应的行，按中断，仅返回上一界面，不做任何事情。

③ 刀具参数及刀具补偿参数的设定。

刀具参数包括刀具几何参数、磨损量参数和刀具型号参数。

不同类型的刀具均有一个确定的参数数量，每个刀具有一个刀具号（T-号）。

按下 |OFF| 及"刀具表"按钮，打开刀具补偿参数窗口，显示所使用的刀具清单。可以通过光标键和"上一页""下一页"键选出所要求的刀具。如图 8-28 所示。

通过以下步骤输入补偿参数：在输入区域利用 |↑| |↓| |→| |←| 定位光标；输入数值，输入完毕后按"改变有效"键，则输入的数据将被立即保存。

④ 删除刀具数据。

a. 按软键"删除刀具"，系统弹出删除刀具对话框，如图 8-29 所示。

b. 如果按"确认"软键，对话框将被关闭，并且对应刀具及所有刀沿数据将被删除；如果按"中断"软键，则仅仅关闭对话框。

图 8-29 删除刀具对话框

(8) 输入/修改零点偏置值

功能：在回参考点之后实际值存储器以及实际值的显示均以机床零点为基准，而工件的加工程序则以工件零点为基准，这之间的差值就作为可设定的零点偏移量输入。

操作步骤如下：

① 通过按"参数操作区域"键和"零点偏移"软键可以选择零点偏置，如图 8-30 所示。

② 屏幕上显示出可设定零点偏置的情况，包括已编程的零点偏置值、有效的比例、系数状态显示"镜相有效"以及所有的零点偏置。

③ 把光标移到待修改的范围，输入数值。通过移动光标或者使用输入键输入零点偏置的大小。按"修改生效"，输入的值即存储有效。

(9) 程序管理

操作步骤如下：

① 选择"程序"操作区。PROGRAM MANAGER 打开"程序管理器"，以列表形式显示零件程序及目录。程序管理窗口如图 8-31 所示。

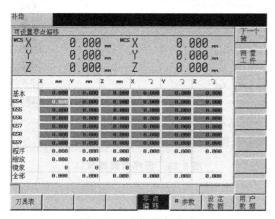

图 8-30 选择零点偏移

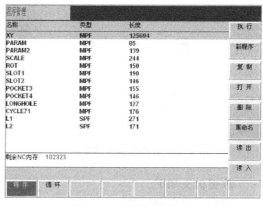

图 8-31 程序管理窗口

② 在程序目录中用光标键选择零件程序。为了更快地查找到程序，输入程序名的第一个字母。控制系统自动把光标定位到含有该字母的程序前。

(10) 软键含义

程序：按程序键显示零件程序目录。

执行：按下此键选择待执行的零件程序，按数控启动键时启动执行该程序。

新程序：操作此键可以输入新的程序。

复制：操作此键可以把所选择的程序复制到另一个程序中。

打开：按此键打开待执行的程序。

删除：用此键可以删除光标定位的程序，并提示对该选择进行确认。按下确认键执行清除功能，按返回键取消并返回。

重命名：操作此键出现一窗口，在此窗口可以更改光标所定位的程序名称。输入新的程序名后按确认键，完成名称更改，用返回键取消此功能。

读出：按此键，通过 RS232 接口，把零件程序送到计算机中保存。

读入：按此键，通过 RS232 接口装载零件程序。接口的设定请参照"系统"操作区域。零件程序必须以文本的形式进行传送。

循环：按此键显示标准循环目录。只有当用户具有确定的权限时才叫以使用此键。

(11) 输入新程序——"程序"操作区

操作步骤：

PROGRAM MANAGER：选择"程序"操作区，显示 NC 中已经存在的程序目录。

新程序：按"新程序"键，出现一对话窗口，在此输入新的主程序和于程序名称，如图 8-32 所示。按 A~Z 输入新文件名。

√确认：按"确认"键接收输入，生成新程序文件，现在可以对新程序进行编辑。

×中断：用中断键中断程序的编制，并关闭此窗口。

(12) 零件程序的编辑

在编辑功能下，零件程序不在执行状态时，都可以进行编辑。对零件程序的任何修改，可立即被存储。如图 8-33 所示。

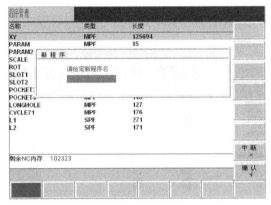

图 8-32　新程序输入屏幕格式

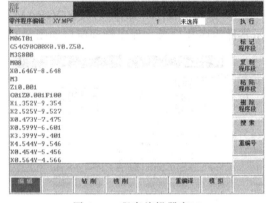

图 8-33　程序编辑器窗口

软键含义如下。

编辑：程序编辑器。

执行：使用此键，执行所选择的文件。

标记程序段：按此键，选择一个文本程序段，直至当前光标位置。

复制程序段：用此键，拷贝一程序段到剪贴板。

粘贴程序段：用此键，把剪贴板上的文本粘贴到当前的光标位置。

删除程序段：按此键，删除所选择的文本程序段。

搜索：用"搜索"键和"搜索下一个"键在所显示的程序中查找一字符串。在输入窗口键入所搜索的字符，按"确认"键启动搜索过程。按"返回"键则不进行搜索，退出窗口。按此键继续搜索所要查询的目标文件。

重编号：使用该功能，替换当前光标位置到程序结束处之间的程序段号。

钻削：参见"循环"。

铣削：参见"循环"。

重编辑：在重新编译循环时，把光标移到程序中调用循环的程序段中。在其屏幕格式中输入相应的参数。如果所设定的参数不在有效范围之内，则该功能会自动进行判别，并且恢复使用原来的缺省值。

屏幕格式关闭之后，原来的参数就被所修改的参数取代。

注意：仅仅是自动生成的程序块/程序段才可以重新进行编译。

（13）MDA 模式（手动输入）——"加工"操作区

功能：在"MDA"模式下可以编制一个零件程序段加以执行。

操作步骤如下：

① 选择机床操作面板上的 MDA 键🔲。

② 通过操作面板输入程序段。

③ 按启动键🔲执行输入的程序段。

注：在程序启动后不可以再对程序进行编辑，只在"停止"和"复位"状态下才能编辑。

执行完后，程序仍然存在，可按"运行开始"按钮重新运行程序。

（14）自动加工

自动加工流程如下：

① 检查机床是否回零。若未回零，先将机床回零。

② 使用程序控制机床运行，已经选择好了运行的程序后参考选择待执行的程序。

③ 按下控制面板上的自动方式键，若CRT 当前界面为加工操作区，则系统显示出如图 8-34 所示的界面，否则仅在左上角显示当前操作模式（"自动"）而界面不变。

④ 按软键"程序控制"来设置程序运行的控制选项。

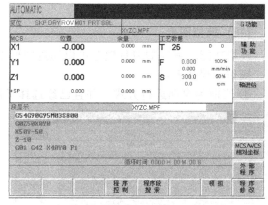

图 8-34　界面

⑤ 程序控制中的状态说明如表 8-6 所示。若需修改程序，可按"程序修正"进入编辑状态，所有修改立即被存储。

表 8-6　程序控制中的状态说明

软　键	显示	说　明
程序测试	PRT	在程序测试方式下所有到进给轴和主轴的给定值被禁止输出,机床不动,但显示运行数据
空运行进给	DRY	进给轴以空运行设定数据中的设定参数运行,执行空运行进给时编程指令无效
有条件停止	M01	程序在执行到有 M01 指令的程序时停止运行
跳过	SKP	前面有斜线标志的程序在程序运行时跳过不予执行(如:/N100G...)
单一程序段	SBL	此功能生效时零件程序按如下方式逐段运行:每个程序段逐段解码,在程序段结束时有一暂停,但在没有空运行进给的螺纹程序段时为一例外——只有螺纹程序段运行结束后才会产生一暂停。单段功能中有处于程序复位状态时才可以选择
ROV 有效	ROV	按快速修调键,修调开关对于快速进给也生效

⑥ 按启动键 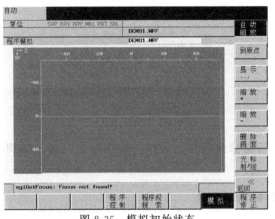 开始执行程序。

⑦ 程序执行完毕。或按复位键中断加工程序，再按启动键则从头开始。

(15) 中断运行

数控程序在运行过程中可根据需要暂停、停止、急停和重新运行。

数控程序在运行过程中，点击"循环保持"按钮，程序暂停运行，机床保持暂停运行时的状态。再次点击"运行开始"按钮，程序从暂停行开始继续运行。

数控程序在运行过程中，点击"复位"按钮，程序停止运行，机床停止。再次点击"运行开始"按钮，程序从暂停行开始继续运行。

数控程序在运行过程中，按"急停"按钮，数控程序中断运行。继续运行时，先将急停按钮松开，再点击"运行开始"按钮，余下的数控程序从中断行开始作为一个独立的程序执行。

程序段搜索：打开搜索窗口，准备装载中断点坐标。

搜索断点：装载中断点坐标。

启动中断点搜索：使机床回中断点。执行一个到中断程序段起始点的补偿。

：按数控启动键继续加工。

(16) 模拟图形

模拟功能：编程的刀具轨迹可以通过图形来表示。

操作步骤如下：

① 当前为自动运行方式，并且已经选择了待加工的程序。

② 按模拟键，屏幕显示初始状态，如图 8-35 所示。

③ 按数控启动键，模拟所选择的事件程序的刀具轨迹。

软键的含义如下：

自动缩放：操作此键可以自动缩放所记录的刀具轨迹。

到原点：按此键，可以恢复到图形的基本设定。

显示：按此键，可以显示整个工件。

缩放＋：按此键，可以放大显示图形。

缩放－：按此键，可以缩小显示图形。

图 8-35 模拟初始状态

删除画面：按此键，可以擦除显示的图形。

光标粗细：按此键，可以调整光标的步距大小。

8.4.5 实习内容

(1) 开机回参考点

操作步骤如下：

① 接通 CNC 和机床电源系统启动以后按 键进入回参考点功能。

② 按住＋Z 按钮进行 X 方向回零，直至屏幕＋X 后显示 表示 Z 方向回零完成。

③ 按住＋X 按钮进行 Z 方向回零，直至屏幕＋Z 后显示⊕表示 X 方向回零完成。

④ 按住＋Y 按钮进行 Z 方向回零，直至屏幕＋Y 后显示⊕表示 X 方向回零完成。

(2) 工件的安装

① 用机用平口钳安装工件　机用平口钳适用于中小尺寸和形状规则的工件安装，它是一种通用夹具，一般有非旋转式和旋转式两种，前者刚性较好，后者底座上有一刻度盘，能够把平口钳转成任意角度。安装平口钳时必须先将底面和工作台面擦干净，利用百分表校正钳口，使钳口与横向或纵向工作台方向平行，以保证铣削的加工精度，如图 8-36 所示。

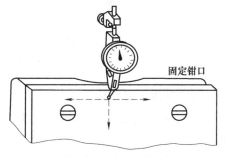

固定钳口

图 8-36　机用平口钳的校正

② 用组合压板安装工件　对于体积较大的工件大都用组合压板来装夹。根据图纸的加工要求，可将工件直接压在工作台面上，这种装夹方法不能进行贯通的挖槽或钻孔加工等；也可在工件下面垫上厚度适当且要求较高的等高垫块后再将其压紧，这种装夹方法可进行贯通的挖槽或钻孔加工。

③ 用精密治具板安装工件　精密治具板具有较高的平面度、平行度及表面粗糙度，工件或模具可通过尺寸大小选择不同的型号或系列。

④ 用精密治具筒安装工件　在加工表面相互垂直度要求较高的工件时，多采用精密治具筒安装工件。精密治具筒具有较高的平面度、垂直度、平行度及表面粗糙度。

⑤ 用其他装置安装工件。

a. 用万能分度头安装。分度头是铣床常用的重要附件，能使工件绕分度头主轴轴线回转一定角度，在一次装夹中完成等分或不等分零件的分度工作，如加工四方、六角等。

b. 用三爪卡盘安装。将三爪卡盘利用压板安装在工作台面上，可装夹圆柱形零件。在批量加工圆柱工件端面时，装夹快捷方便，例如铣削端面凸轮、不规则槽等。

⑥ 用专用夹具安装工件　为了保证工件的加工质量、提高生产率和减轻劳动强度，根据工件的形状和加工方式可采用专用夹具安装。

(3) 工件的校正与工件坐标系原点的体现

① 工件的校正　工件利用上述任一方法安装后必须进行找正（在安装时首先应目测工件，使其大致与坐标轴平行），找正一般用百分表或杠杆表与磁性表座配合使用来完成。根据找正需要，可将表座吸在机床主轴、导轨面或工作台面上，百分表安装在表座接杆上，使测头轴线与测量基准面相垂直，测头与测量面接触后，指针转动 2mm 左右，移动机床工作台，校正被测量面相对于 X、Y 或 Z 轴方向的平行度或平面度。使用杠杆表校正时杠杆测头与测量面间成约 15°的夹角，测头与测量面接触后，指针转动 0.5mm 左右。

② 工件坐标系原点的体现　工件坐标系原点亦称编程零点。对于在数控机床上加工的具体工件来说，必须通过一定的方法把工件坐标系原点（实际上是工件坐标系原点所在的机床坐标值）体现出来，这个过程称为对刀。体现的方法有试切法对刀和工具对刀两种，试切法对刀是利用铣刀与工件相接触产生切屑或摩擦声来找到工件坐标系原点的机床坐标值，它适用于工件侧面要求不高的场合；对于模具或表面要求较高的工件时须采用工具对刀，通常选用偏心式寻边器或光电式寻边器进行 X、Y 轴零点的确定，利用 Z 轴设定器进行 Z 轴零点的确定（Z 轴设定器上下表面的距离为 50mm 的标准值）。零点及长度补偿找正工具如图 8-37 所示。

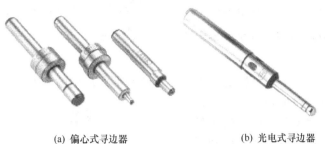

(a) 偏心式寻边器　　(b) 光电式寻边器　　(c) Z轴设定器

图 8-37　零点及长度补偿找正工具

(4) 常用切削刀具

① 孔加工刀具　中心钻、麻花钻（直柄、锥柄）、扩孔钻、锪孔钻、铰刀、镗刀、丝锥等。

② 铣削刀具　铣刀是刀齿分布在旋转表面或端面上的多刃刀具，其几何形状较复杂，种类较多。按铣刀切削部分的材料分为高速钢铣刀、硬质合金铣刀；按铣刀结构形式分为整体式铣刀、镶齿式铣刀、可转位式铣刀；按铣刀的安装方法分为带孔铣刀、带柄铣刀；按铣刀的形状和用途又可分为圆柱铣刀、端铣刀、立铣刀、键槽铣刀、球头铣刀等。

(5) 对刀

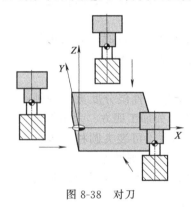

图 8-38　对刀

数控程序一般按工件坐标系编程，对刀的过程就是建立工件坐标系与机床坐标系之间的关系的过程，如图 8-38 所示。即通过选择零点偏置（比如 G54）窗口，确定待求零点偏置的坐标轴。常见的是将工件上表面中心点（铣床及加工中心），设为工件坐标系原点。将工件上其他点设为工件坐标系原点的对刀方法类似。

操作步骤如下：

① 按软键"测量工件"，控制系统转换到"加工"操作区，出现的对话框用于测量零点偏置。所对应的坐标轴以背景为黑色的软键显示（见图 8-39、图 8-40）。

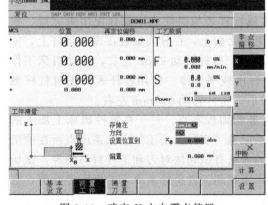

图 8-39　确定 X 方向零点偏置

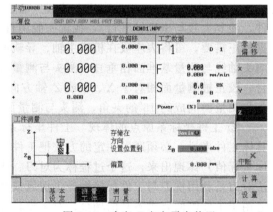

图 8-40　确定 Z 方向零点偏置

② 移动刀具，使其与工件相接触。在工件坐标系"设定 Z 位置"区域，输入所要触接的工件边沿的位置值。

③ 如果刀具不可能触接到工件边沿，或者刀具无法到达所要求的点（比如使用了一个垫块），则在填参数"设定 Z 位置"时必须要考虑刀具与所要求点之间的距离。在确定 X 和 Y 方向的偏置时，必须要考虑刀具移动的方向。

下面具体说明铣床、立式加工中心的对刀方法。

① X、Y 轴对刀 铣床及加工中心在 X、Y 方向对刀时一般使用的是"试切对刀"和"寻边器对刀"两种。

a. 试切对刀。点击操作面板中的按钮 进入"手动"方式，通过 -X +X，-Y +Y，-Z +Z，按钮，将机床刀具移动到工件附近的大致位置，在手动状态下，点击操作面板上的 按钮，使主轴转动。采用手轮调节方式移动机床，沿 X 或 Y 方向试切工件侧面并退刀，在确定 X 和 Y 方向的偏置时，必须考虑刀具正、负移动的方向。如图 8-41 所示。

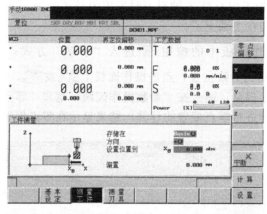

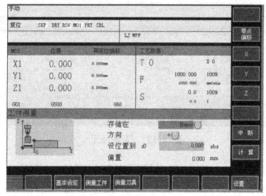

图 8-41 确定 X、Y 方向的偏置

通过按"参数操作区域"键和"零点偏移"软键可以选择零点偏置，按"计算"软键进行零点偏置的计算，结果显示在零点偏置栏。

b. 寻边器。寻边器有固定端和测量端两部分组成。固定端由刀具夹头夹持在机床主轴上，中心线与主轴轴线重合。在测量时，主轴以 $400 \sim 600 r/min$ 旋转。通过手动方式，使寻边器向工件基准面移动靠近，让测量端接触基准面。在测量端未接触工件时，固定端与测量端的中心线不重合，两者呈偏心状态。当测量端与工件接触后，偏心距减小，这时使用点动方式或手轮方式微调进给，寻边器继续向工件移动，偏心距逐渐减小。当测量端和固定端的中心线重合的瞬间，测量端会明显偏出，出现明显的偏心状态。这是主轴中心位置距离工件基准面的距离等于测量端的半径。

点击操作面板中的按钮 🔃 进入"手动"方式，适当点击操作面板上的 +X -X +Y -Y +Z -Z 按钮，将机床刀具移动到工件附近的大致位置，在手动状态下，点击操作面板上的 ⏻⤵ 或 ⏻⤴ 按钮，使主轴转动。未与工件接触时，寻边器上下两部分处于偏心状态。

移动到大致位置后，可采用手轮方式移动机床，寻边器偏心幅度逐渐减小，直至上下半截几乎处于同一条轴心线上，若此时再进行增量或手动方式的小幅度进给时，寻边器下半部突然大幅度偏移，即认为此时寻边器与工件恰好吻合。

在确定 X 和 Y 方向的偏置时，必须考虑刀具正、负移动的方向（见图 8-41）。注意：必须先将刀具半径改为相应寻边器半径。通过按"参数操作区域"键和"零点偏移"软键可以选择零点偏置，按"计算"软键进行零点偏置的计算，结果显示在零点偏置栏。

② Z 轴对刀　铣、加工中心对 Z 轴对刀时采用的是实际加工时所要使用的刀具。首先假设需要的刀具已经安装在主轴上了。

a. 试切法。点击操作面板中的按钮 🔃 进入"手动"方式；点击 -X +X ，-Y +Y ，-Z +Z 按钮，将机床移动到大致位置，点击操作面板上 ⏻⤵ 或 ⏻⤴ ，使主轴转动；点击 -Z 按钮，使铣刀将零件切削小部分；通过按"参数操作区域"键和"零点偏移"软键可以选择零点偏置，按"计算"软键进行零点偏置的计算，结果显示在零点偏置栏。如图 8-42 所示。

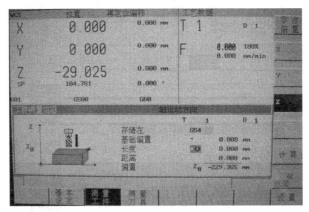

图 8-42　结果显示

b. Z 轴设定器。具体操作：首先把 Z 轴设定器放置在工件的水平表面上，主轴上装入基准刀具，移动 X、Y 轴，使刀具尽可能处在 Z 轴设定器中心的上方；然后移动 Z 轴，用基准刀具（主轴禁止转动）压下 Z 轴设定器圆柱台，使指针指到调整好的"0"位；最后把当前的机床坐标减去 50mm 后的值（−225.120）设置到工件坐标系原点 Z 的位置（G54～G59）。

③ 多把刀对刀　假设以 1 号刀为基准刀，基准刀的对刀方法同上。对于非基准刀，此处以 2 号刀为例进行说明。

建立刀具参数表，用 MDA 方式将 2 号刀安装到主轴上；将 G54 中的经 X、Y 数值输入到 G55 中，对 Z 轴重新对刀，方法同上，调用时改为 G55。

(6) 刀具半径补偿量及磨损量的设置

由于数控系统具有刀具半径自动补偿的功能，因此我们在编程时只需按照工件的实际轮廓尺寸编制即可。刀具半径补偿量设置在数控系统中与刀号相对应的位置。刀具在切削过程中，刀刃会出现磨损（刀具直径变小），最后会出现外轮廓尺寸偏大、内轮廓尺寸偏小（反之，则所加工的工件已报废），此时可通过对刀具磨损量的设置，然后再精铣轮廓，一般就能达到所需的加工尺寸。这里举一个例子，如表 8-7 所示。

表 8-7　磨损量设置值

	测量要素	要求尺寸	测量尺寸	磨损量设置值
	A	$100_{-0.054}^{0}$	100.12	$-0.06 \sim -0.087$
	B	$56_{0}^{+0.030}$	55.86	$-0.07 \sim -0.085$

注：如果在磨损量设置处已有数值（对操作者来说，由于加工工件及使用刀具的不同，开机后一般需把磨损量清零），则需在原数值的基础上进行叠加。例：原有值为 -0.07，现尺寸偏大 0.1（单边 0.05），则重新设置的值为：$-0.07-0.05=-0.12$。

如果精加工结束后，发现工件的表面粗糙度很差且刀具磨损较严重，通过测量尺寸有偏差，则必须更换铣刀重新精铣。此时磨损量先不要重设，等铣完后通过对尺寸的测量，再做是否补偿的决定，预防产生"过切"。

(7)　验证对刀的正确性

用 MDA 及手动方式验证对刀的正确性，要求刀具不切削工件，运行至 $X=0$、$Y=0$、$Z=20$。注意：请认真检查相应刀具参数数值（刀具长度、半径、刀沿等），以及零点偏置中的基本相应项。

(8)　实际操作

从下面几个零件图选出一个进行编程并加工，最后分析加工零件的误差。

① 用 $\phi 10\text{mm}$ 立铣刀精铣如图 8-43 所示凸台侧面（提示：使用刀具半径补偿功能）。

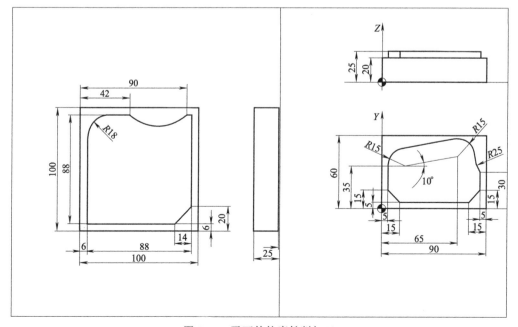

图 8-43　平面外轮廓铣削加工

② 要求数控铣出如图 8-44 所示的槽，工件材料为 45 钢。

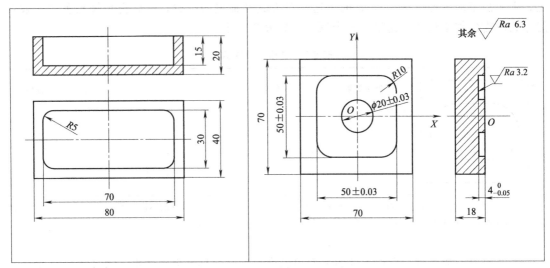

图 8-44　平面内轮廓铣削加工

金工实习报告作业部分

钢的热处理实习报告（1）

班级		学号		姓名		成绩	

报告内容:钢的热处理

零件名称		零件材料	45 钢,40Cr
技术要求	41~47HRC	工艺方法	淬火＋中温回火

实习数据			
仪器设备		淬火介质	
淬火温度		回火温度	

热处理工艺曲线

选取中温回火的理由

讨论的问题

用工艺曲线表示淬火、正火、退火、回火。

钢的热处理实习报告（2）

班级		学号		姓名		成绩	

报告内容：钢的热处理

零件名称			零件材料		45钢	
技术要求	20～25HRC		工艺方法		淬火＋高温回火	

实习数据						
仪器设备			淬火介质			
淬火温度			回火温度			

热处理工艺曲线

选取高温回火的理由

讨论的问题

什么是调质处理？

铸造实习报告（1）

班级		学号		姓名		成绩	

报告内容：常用的造型方法

序号	造型方法	适用范围
1	手工造型	单件，小批量生产
2	机器造型	中件，小件大批量生产
3	柔性制造单元	各种形状的铸件批量生产

砂型铸造	
造型方法	特点
整模造型	
分模造型	
活块造型	
挖砂造型	
刮板造型	
三箱造型	

特种铸造	
造型方法	特点
压力铸造	
离心铸造	

铸造生产工艺过程

讨论的问题

1. 什么是铸造，其生产特点及应用是怎样的？

2. 常见的铸件缺陷有哪些？

铸造实习报告（2）

班级		学号		姓名		成绩	

报告内容：铸型的组成及作用

<table>
<tr><td colspan="3" align="center">铸型的组成作用及工艺要求</td></tr>
<tr><td align="center">序号</td><td align="center">名称</td><td align="center">作用及工艺要求</td></tr>
<tr><td align="center">1</td><td align="center">分型面</td><td></td></tr>
<tr><td align="center">2</td><td align="center">上型</td><td></td></tr>
<tr><td align="center">3</td><td align="center">出气孔</td><td></td></tr>
<tr><td align="center">4</td><td align="center">浇注系统</td><td></td></tr>
<tr><td align="center">5</td><td align="center">型腔</td><td></td></tr>
<tr><td align="center">6</td><td align="center">下型</td><td></td></tr>
<tr><td align="center">7</td><td align="center">型芯</td><td></td></tr>
<tr><td align="center">8</td><td align="center">芯头芯座</td><td></td></tr>
</table>

讨论的问题

分型面的选择原则是什么？

1. 铸件的主要加工面应朝下或朝侧面。

2. 铸件上的大平面，薄壁和形状复杂的部分应放在下箱。

3. 尽量减少型芯的数量。

4. 整个铸件或加工面与加工基准面最好在同一个砂箱内，这样可避免错箱等缺陷。

铸造实习报告（3）

班级		学号		姓名		成绩	

报告内容：整模造型过程

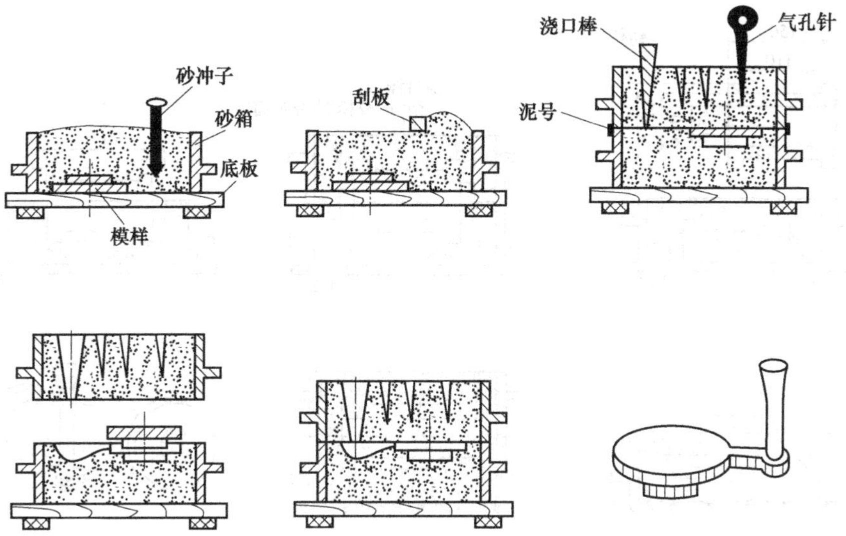

砂冲子
砂箱
底板
模样

刮板

浇口棒
气孔针
泥号

造型工作及作用

序号	名称	作用
1		
2		
3		
4		
5		
6		
7		
8		

讨论的问题

根据上图所示整模造型过程为：

分型面的选择理由：

铸造实习报告（4）

班级		学号		姓名		成绩	

报告内容：分模造型过程

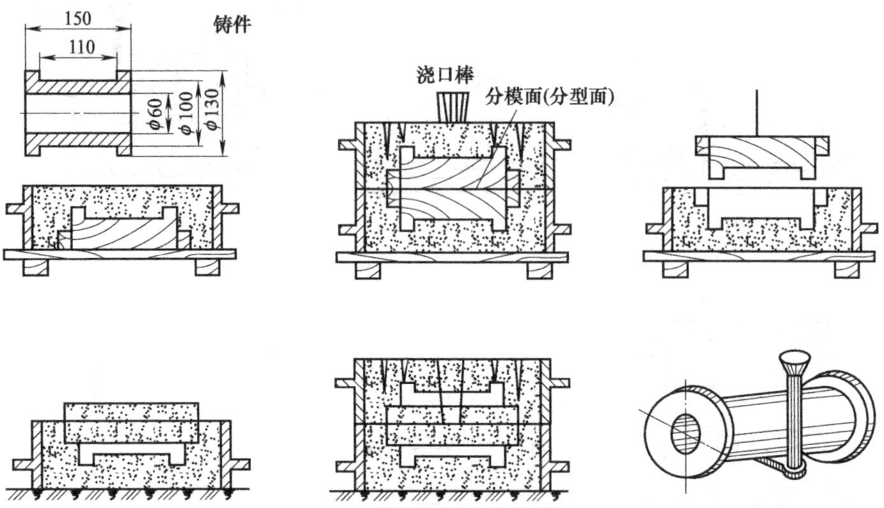

造型工作及作用		
序号	名称	作用
1		
2		
3		
4		
5		
6		
7		
8		

讨论的问题

根据上图所示分模造型过程为：

分型面的选择理由：

铸造实习报告（5）

班级		学号		姓名		成绩	

报告内容:挖砂造型过程

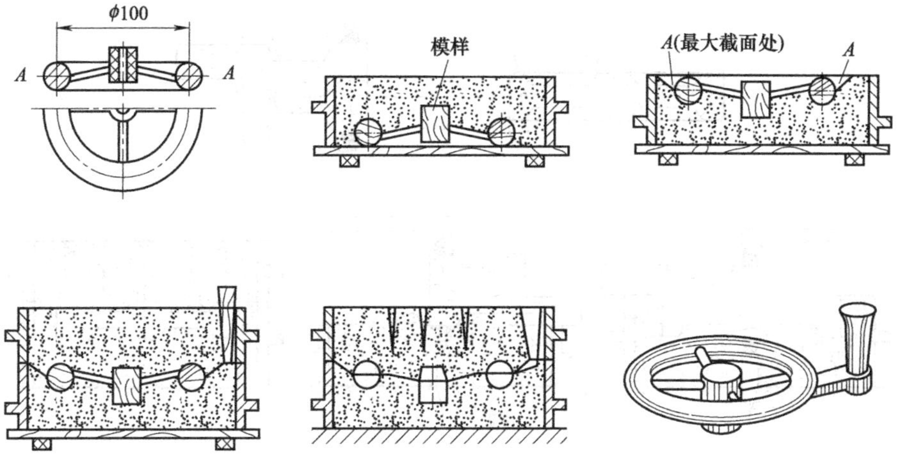

造型工作及作用		
序号	名称	作用
1		
2		
3		
4		
5		
6		
7		
8		

讨论的问题

根据上图所示挖砂造型过程为:

分型面的选择理由:

铸造实习报告（6）

班级		学号		姓名		成绩	

报告内容:刮板造型过程

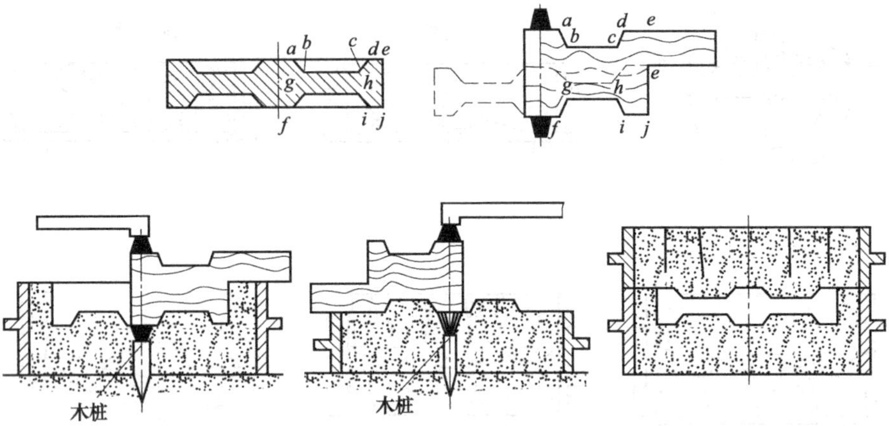

	造型工作及作用	
序号	名称	作用
1		
2		
3		
4		
5		
6		
7		
8		

讨论的问题

根据上图所示刮板挖砂造型过程为：

分型面的选择理由：

锻造实习报告

1. 压力加工的主要变形方式有：轧制、挤压、拉丝、锻造、冲压。

2. 自由锻基本工序有：镦粗、拔长、弯曲、冲孔、切割、扭转、错移。

班级		学号		姓名		成绩	
报告内容:常用的锻造方法							
		压力加工的主要变形方式					
自由锻基本工序有							

指出下列锻造件的结构工艺设计不合理之处,画出修改图,并说明理由。

讨论的问题

1. 锻造前为什么要对坯料进行加热,同时产生哪些缺陷?

2. 什么是延伸、冲孔,它们各适合锻造哪类零件?

3. 什么是始锻温度和终锻温度? 低碳钢、中碳钢的始锻、终锻温度各是多少?

焊工实习报告

1. 焊接是通过加热或加压（或两者并用）、用（或不用）填充材料，使工件达到结合的方法。

2. 焊接的分类：熔化焊、压力焊、钎焊。

班级		学号		姓名		成绩	

报告内容:手工电弧焊

1. 掌握电弧焊的基本操作步骤。

2. 能够利用折线式,月牙式和圆周式进行焊接。

3. 能够掌握焊缝的宽度和运条的速度。

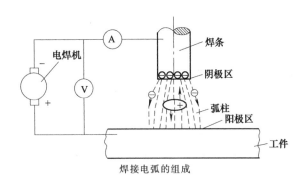

焊接电弧的组成

工序	手工电弧焊内容	具体操作
1	电流选择	
2	引弧	
3	开头	
4	运条	
5	横向摆动	
6	结尾	

讨论的问题

1. 手工电弧焊运条的方式有哪几种?

2. 焊件质量检测常见的方法有哪几种?

车工实习报告（1）

班级		学号		姓名		成绩	

报告内容:标出外圆车刀的切削部分的名称

	车刀结构及作用	
序号	名称	作用
1		
2		
3		
4		
5		
6		

讨论的问题

1. 机床的切削运动有主运动和进给运动。车床上工件的旋转运动属于_____,刀具的纵向或横向运动属于_____。

2. 切削用量三要素是_____、_____和_____。它们的单位分别是_____、_____、_____。

3. 对刀具切削部分材料要求有_____、_____、_____等性能。常用的刀具材料有_____和_____。

4. 基本车削方法有_____、_____、_____、_____、_____。

5. 在车床上安装工件的基本方法有_____、_____、_____、_____。

6. 在车床上加工孔的方法有_____、_____、_____。

车工实习报告（2）

班级		学号		姓名		成绩	

报告内容：榔头柄加工(45 钢、φ12×185)

榔头柄加工内容

序号	工序名称	工作内容
1		
2		
3		
4		
5		
6		

讨论的问题

1. 刀架由哪些部件组成？各部件的用途分别是什么？

2. 安装车刀应注意哪些问题？

钳工实习报告

班级		学号		姓名		成绩	

报告内容:钳工榔头加工操作要求(材料:45 钢,毛坯尺寸:18×18×95)

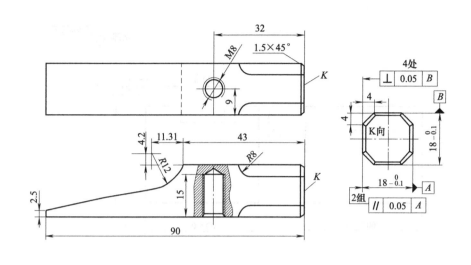

	钳工榔头加工步骤		
序号	工序名称	内容要求	使用工具
1	备料		
2	锉削基准面		
3	锯锉大斜面		
4	锉削 R8 四角及四角 R 斜面		
5	锉削锤头端部 K 面 C1.5 倒角及锤头长度		
6	钻孔攻螺纹		
7	修光		

讨论的问题

1. 钳工的基本操作内容包括哪些?

2. 安装手锯锯条时,锯齿应朝何方向? 锯条齿纹的粗细应根据什么来选择?

3. 锉削较硬材料时应选何种锉刀? 锉削铝、铜等软金属时应选用何种锉刀?

铣工实习报告

班级		学号		姓名		成绩	

报告内容:标出刨平面、铣沟槽的名称(材料:铝合金,毛坯尺寸:65×65×65)

	铣工刨平面、铣沟槽内容	
序号	工序名称	工序内容
1	刨削平形面	
2	铣沟槽	

讨论的问题

1. 铣床上能铣削加工哪些表面?其精度和表面粗糙度可达多少?

2. 铣床有哪几种?常用的是哪两种?你实习时用的是什么铣床?什么型号?

数控实习报告

班级		学号		姓名		成绩	

报告内容:典型轴类零件加工

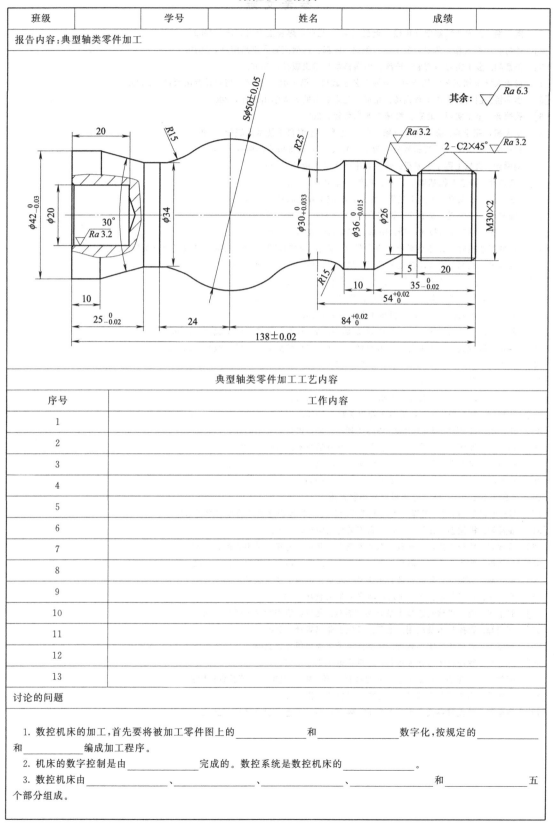

典型轴类零件加工工艺内容	
序号	工作内容
1	
2	
3	
4	
5	
6	
7	
8	
9	
10	
11	
12	
13	

讨论的问题

1. 数控机床的加工,首先要将被加工零件图上的_____和_____数字化,按规定的_____和_____编成加工程序。

2. 机床的数字控制是由_____完成的。数控系统是数控机床的_____。

3. 数控机床由_____、_____、_____、_____和_____五个部分组成。

参 考 文 献

[1] 南红艳. 工程训练基础（机械、近机械类）. 北京：煤炭工业出版社，2009.

[2] 孙付春，李宏稳，朱江. 金工实习教材. 成都：西南交通大学出版社，2010.

[3] 朱富顺. 金工实习与实验. 长沙：湖南科学技术出版社，2006.

[4] 清华大学金属工艺学教研室. 金属工艺学教材（第3版）. 北京：高等教育出版社，2003.

[5] 李喜桥. 创新思维与工程训练. 北京：北京航空航天大学出版社，2005.

[6] 孔德音. 金工实习. 北京：机械工业出版社，2005.

[7] 胡大超，张学高. 金工实习（第2版）. 上海：上海科学技术出版社，1996.

[8] 张远明. 金属工艺学实验教材（第2版）. 北京：高等教育出版社，2003.

[9] 刘舜尧. 机械工程工艺基础. 长沙：中南大学出版社，2002.

[10] 魏华胜. 铸造工程基础. 北京：机械工业出版社，2002.

[11] 王文清，李魁盛. 铸造工艺学. 北京：机械工业出版社，2004.

[12] 陆文华，李隆盛，黄良余. 铸造合金及其冶炼. 北京：机械工业出版社，1996.

[13] 孟庆桂. 铸工实用技术手册. 南京：江苏科学技术出版社，2002.

[14] 机械工业技师考评培训教材编审委员会. 铸造工技师培训教材. 北京：机械工业出版社，2002.

[15] 杜西灵，杜磊. 袖珍铸造工艺手册. 北京：机械工业出版社，2001.

[16] 陈士梁. 铸造机械化. 北京：机械工业出版社，1997.

[17] 孙以安，鞠鲁粤. 金工实习. 北京：机械工业出版社，2004.

[18] 刘秉毅. 金工实习. 北京：机械工业出版社，2004.

[19] 陈培里. 金属工艺学——实习指导及实习报告. 杭州：浙江大学出版社，1996.

[20] 郑晓，陈仪先. 金属工艺学实习教材. 北京：北京航空航天大学出版社，2005.

[21] 陈国桢，肖柯则，姜不居. 铸件缺陷和对策手册. 北京：机械工业出版社，2003.

[22] 孙以安，陈茂贞. 金工实习教学指导. 上海：上海交通大学出版社，1998.

[23] 罗敬堂. 铸造工实用技术. 沈阳：辽宁科学技术出版社，2004.

[24] 胡特生. 电弧焊. 北京：机械工业出版社，1993.

[25] 中国机械工程学会焊接学会. 焊接手册. 北京：机械工业出版社，1992.

[26] 俞尚知. 焊接工艺人员手册. 上海：上海科学技术出版社，1991.

[27] 孙景荣. 实用焊工手册. 北京：化学工业出版社，1997.

[28] 赵熹华. 压力焊. 北京：机械工业出版社，1989.

[29] GB/T 10249—1988　电焊机型号编制方法.

[30] GB/T 985—1988　气焊、手工电弧焊及气体保护焊焊缝坡口的基本形式与尺寸.

[31] 黄纯颖. 机械创新设计. 北京：高等教育出版社，2000.

[32] 宋放之. 数控工艺培训教程，数控车部分. 北京：清华大学出版社，2003.

[33] 杨伟群. 数控工艺培训教程，数控铣部分. 北京：清华大学出版社，2002.

[34] 盛定高，郑晓峰. 现代制造技术概述. 北京：机械工业出版社，2003.

[35] 卢小平. 现代制造技术. 北京：清华大学出版社，2003.

[36] 张宝忠. 现代机械制造技术基础实训教程. 北京：清华大学出版社，2004.

[37] 郑晓峰. 数控技术及应用. 北京：机械工业出版社，2004.

[38] 黄康美. 数控加工实训教程. 北京：电子工业出版社，2004.

[39] 陈志雄. 数控机床与数控编程. 北京：电子工业出版社，2004.

[40] 张学政，李家枢. 金属工艺学实习教材（第3版）. 北京：高等教育出版社，2003.

[41] 刘镇昌. 制造工艺实训教程. 北京：机械工业出版社，2006.

[42] 齐乐华. 工程材料及成形工艺基础. 陕西：西北工业大学出版社，2002.